AF399703

Dedicatoria:

"Por todas las formas de vida en la Amazonia"

El Último Jaguar

KRISTINA VON STOSCH

tredition

© 2025 Kristina von Stosch

Diseño de la tapa: Emilia B. Caballero Villavicencio Traducción del alemán: Kristina von Stosch
Corrección de estilo: Malkya Tudela
Diagramación: Ambar Almeida

Apoyo en la gestión de la publicación: Universidad NUR, Bolivia

Impreso y distribuido por cuenta de la autora:

tredition GmbH, Heinz-Beusen-Stieg 5, 22926 Ahrensburg, Alemania.

Kontaktadresse nach EU-Produktsicherheitsverordnung: k.v.stosch@gmail.com

PRÓLOGO

Estaba muerto. Simplemente muerto. Estaba muerto. Simplemente inerte. ¿Cómo era posible? El más formidable, el más imponente. *Panthera onka*, su denominación por sí sola era tan poderosa que su nombre científico era el único
del reino animal que se había grabado en mi memoria.

Era mi héroe, mi símbolo del mundo perfecto, mi símbolo de la armonía, del ciclo de la naturaleza. Si a él ya no se le permitía vivir, entonces ¿por qué a mí? ¿Qué valía yo contra la superioridad de un jaguar? ¿Qué sentido tenía todo esto? ¿Un teatro? ¿Un mal juego? Había imaginado tantas veces que se desfilaba ante mí con la cabeza alta.

Cómo me miraba. Y yo, inclinando la cabeza ante mi rey, temblando de sumisión y retirándome respetuosamente. Todo se derrumbó dentro de mí, como cuando revienta una burbuja de jabón brillante en la que uno puede reflejarse y soñar. El sueño había terminado. Con toda mi fuerza de voluntad traté de ignorar esta realidad, pero seguía allí.

Observaba los troncos quemados de los árboles, tirados en el suelo, como si se rindieran ante un poder superior y un dictador los controlara. ¿Quién era ese dictador que lo destruía todo sin razón alguna, como si estuviera harto de toda vida y como si anhelara un silencio sin fin?

El silencio era exactamente lo que me asustaba más. Ni siquiera se oía el cantar constante de los grillos. Si tan sólo un mosquito me hubiera zumbado en el oído, podría haber encontrado el camino de vuelta a la vida. Me sentía tan muerto como el negro silencio que me rodeaba. Mi larga búsqueda perdía su sentido justo cuando había llegado a mi destino.

No quería ver más tierra negra. No quería oler más. Mi nariz hacía su parte y se negaba a funcionar porque el calor de las brasas había quemado mis fosas nasales. No quería sentir

más ese calor que no podía compararse con el alegremente húmedo y tropical que siempre había disfrutado, que hacía que la camiseta se pegara al pecho como si se uniera a la piel, pero al mismo tiempo irradiaba fertilidad. Tampoco quería saborear más ese calor hostil, un calor que quería quemar todos los recuerdos verdes de mí y que sabía a muerte. Seco, polvoriento, salado y amargo. Así era exactamente como me imaginaba el sabor de la muerte. Oír, sí. Era lo único que aún quería, pero un sonido, una música vital, no un crujido de los últimos coletazos de una interacción de resina quemada, corteza y savia de árbol.

¿Seguía mirándome? No sabía decirlo. Intentaba recordar el momento, el bosque, el fuego, el humo, y cómo él se quedó allí, echado. Todavía debe haberme visto. Sí, seguro estaba aquí después de todo. Me preguntaba si él habría querido decirme algo. ¿Decir adiós? Tenía una mirada pacífica, respetuosa y sabia, como si ya se hubiera asegurado un lugar maravilloso en su mundo después de la muerte. Sin sangre, sin lucha, así de fácil se apagó su vida. Después de eso, todo se me volvió negro.

CAPÍTULO I

5:35 de la mañana. Mis piernas estaban entumecidas, después de haber intentado en vano apretar mis 1,90 m entre el espaldar del asiento delantero y mi asiento 25F, donde tuve que permanecer en el trayecto entre Madrid y Santa Cruz. Todo me hormigueaba, incluso mis pensamientos. Mi aventura por fin había comenzado. La búsqueda que había estado en mi interior tanto tiempo ahora se permitía desplegar. Cómo iba a saber en ese momento que todo sería tan diferente e imposible de imaginar.

—Por aquí, joven, para entrar a Bolivia. Pasajeros a Panamá, por aquí. —Esa fue la primera voz boliviana que confirmó mi llegada. Sólo en ese momento me di cuenta de que las filas de pasajeros que embarcaban para el vuelo de Copa Airlines a Panamá se mezclaban con la masa de gente que salía de mi avión de AirEuropa, formando una línea curva como la sinuosidad de un río que dejaba como sedimento a algunos pasajeros varados en su camino.

El siguiente turbión se formaba un piso más abajo, donde cinco funcionarios sellaban, callados, los pasaportes; otros dos recogían algún formulario sin sentido. Nunca entendí por qué, en la era de la tecnología, todavía había que rellenar páginas y páginas escritas a mano. Finalmente, el torrente salía, junto con la masa de escombros que formaba la torre de maletas de varios metros de altura, hacia el más bien tranquilo edificio del aeropuerto de Viru Viru.

Viru Viru, así se llamaba el aeropuerto. Me gustó enseguida, sonaba a aventura, a nuevo comienzo; sonaba a lengua extranjera, al canto de una rara ave del paraíso. Quería que la aventura de mi búsqueda llegara de inmediato, quería acelerarla, y estaba atento a una serie de encuentros maravillosos que guiarían mi camino. Así es como lo había imaginado. A través de mi tez sureña y mis ojos verdes y almendrados, ya podía ver mi futuro floreciendo.

Olía como el mariposario del zoo al que siempre me habían llevado mis abuelos. Ya de niño me fascinaba la forma en que estas criaturas delicadas revoloteaban por el aire y las imaginaba como notas musicales. Estoy seguro de que así se vería la música si se pudiera ver. El aire estaba caliente y húmedo y se podía oír el cantar penetrante de los grillos. Mi abuelo no me había hecho falsas promesas, incluso una familia de piyos (ñandúes) me saludaba a la salida del aeropuerto. El comité de bienvenida fue perfecto, mi humor también.

Había imaginado que mi pequeño cuarto de Airbnb sería más grande. Seguramente tomaron la foto que aparecía en Internet con un ojo de pez para que pareciera más grande. Giré en círculo y descubrí que incluso la cama estaba cubierta igual que en la publicidad: una sábana con grandes flores en tonos marrón y verde; sobre ella una segunda sábana, que seguramente era para arroparse, y tres almohadas (puse una de ellas en mi sofá). El sofá podría haber salido de los muebles en liquidación de mi tía abuela, al igual que la oscura y pesada mesa comedor del centro, sobre la que no podía poner mi laptop sin romper con el estilo antiguo. Detrás de la mesa se entronizó una pantalla plana de 55 pulgadas y, en diagonal, un aire acondicionado White Westinghouse que en adelante sustituiría el ruido de los grillos.

El cuarto de baño tenía un enorme espejo y una ducha de la que salían cables como espagueti de distintos colores para alegrar la experiencia del aseo. En todo ese tiempo no me atreví a utilizar el agua caliente que corría por cables libres sobre mi cabeza. Me oía a mí mismo en la incoherencia de argumentar que era ridículo utilizar una ducha caliente a 35°C de temperatura ambiente y al mismo tiempo deseándola cada mañana.

Lo último que recordaba era que la casera había tocado la puerta. Amelia me había traído una empanada y un refresco de mocochinchi. Con un "disfruta de nuestra hermosa Santa Cruz, la ciudad más bella del mundo" se había despedido de nuevo y se había dirigido a su habitación, donde un televisor anunciaba a todo volumen una serie colombiana romántica.

Fue como si los recuerdos de mi más temprana infancia salieran de repente de los agujeros de mi cerebro y se abrieran paso hacia la superficie. Imágenes salvajes zumbaban en mi interior y ya no podía saber si eran historias a las que había dado vida mi imaginación infantil o experiencias reales. Veía un bosque denso y verde, oía voces en español y en otro idioma. Varias personas me tendían maní recién cosechado y me contaban historias. Mis historias. Historias de mi yo que me acompañaban desde entonces.

Había perdido noción del espacio y del tiempo cuando me sacó del sueño la alarma de un automóvil. Ya no recordaba cómo me había dormido, ni cuándo, ni por qué. No había dormido mucho, ¿o sí? En cualquier caso, estaba hambriento, seguía sin fuerzas y mi cuerpo se estaba acostumbrando poco a poco a que se le permitiera estirarse en toda su longitud. Me senté en la mesa con mi empanada, arranqué mi portátil y quedé asombrado de la maravillosa conexión wifi. No funcionaba tan rápido en Alemania.

Aparte de dos amigos del colegio, nadie se había puesto en contacto conmigo. ¿Acaso mis amigos se habían olvidado de mí apenas unos meses después de nuestra promoción? Seguramente todos estaban ocupados con su año social, con sus estudios, con sus viajes y con la inevitable crisis que se produce tras la paralización del tiempo que antes continuaba automáticamente, año tras año, en los acontecimientos de la vida escolar. ¿Iba a cursar francés o español? De ese tipo eran las únicas decisiones vitales a las que yo había tenido que contribuir para planificar mi futuro hasta ese momento. Y esta pregunta fue particularmente fácil para mí porque tuve la gran suerte de haber absorbido el español a través de mi padre, que es mitad boliviano.

Pero ahora estábamos allí, los jóvenes de la promoción. La rueda de la fortuna no seguía girando por sí misma, tenías que hacerla girar tú. Así que algunas decisiones quedaban atrapadas como en una telaraña y luchaban como una mariposa para poder salir. O se quedaban quietas por el momento porque nuestro incierto futuro, a pesar de la presión de Greta Thunberg, ya no parecía muy prometedor. Cuando hace unos meses les había contado a mis amigos los planes de mi búsqueda, sólo habían sonreído amablemente mientras se imaginaban cómo aparecería la fase de vida "Bolivia" en mi currículum: "gran búsqueda infructuosa de mi ego".

Cumplí sin ganas con mis rituales de comunicación electrónica: "Mamá, llegué bien, estoy cansado, te escribo después"; y del WhatsApp: "Hola Pablo, mala conexión, tranquilo aquí, ya te llamaré algún día con mejor Internet". Finalmente, eché a andar el orgullo de mi vida: ArcGIS, versión 10.8.1. Sentí que era mi número de la suerte desde el principio, ya que nací en esa fecha exacta, el 10 de agosto de 2001. Inicié el programa de cartografía y de nuevo abrí el mapa que ya había mirado tantas veces. La imagen de satélite de la cuenca amazónica boliviana, mi mundo. Mi mundo infantil, mi nuevo mundo, mi aventura. Mañana empezaría la gran búsqueda.

CAPÍTULO II

Joven y enérgico, así me conocía, pero había subestimado mucho el *jet lag*. Después de muchas vueltas por la ciudad, sacar dinero, comprar una tarjeta telefónica y algunas cosas para el viaje, fue fácil encontrar el camino de vuelta a mi mundo de ensueño con una dosis de series colombianas, pero también fue fácil permanecer despierto hasta las tres de la mañana escuchando el zumbido del aire acondicionado. "Sin tetas no hay paraíso", a ese nivel estaba entonces la cultura te- levisiva latinoamericana del siglo XXI. Decidí comprar y ver algunas películas bolivianas en la próxima oportunidad. ¿No debería pasar al menos un día más en la ciudad? Había toma- do la precaución de alquilar mi pequeño cuarto durante una semana, aunque no tenía ni idea de cuánto tiempo me que- daría. ¿De dónde venía este impulso de salir inmediatamente, de entrar en acción enseguida? Esa energía me empujaba sin freno, como una fuerza que no me permitía detenerme. Era un impulso que llevaba tiempo queriendo controlar mi cuer- po y que por fin tomó el control. Sí, mañana iba a empezar

mi búsqueda.

Arreglé asuntos con Amelia, que apenas quería dejarme salir de su alojamiento. Me eché la mochila al hombro, pero rápidamente me di cuenta de que no era buena idea caminar. Esta ciudad no era propicia para hacerlo. Las aceras estaban repletas de mercancías.

Había ropa vieja, zapatos aún más viejos y ancianas que habían acumulado pequeños montones de esa mercancía delante de ellas. De esta manera había montones de papas, montones de limones, montones de zanahorias, montones apestosos.

Algunas cosas las reconocí de algún viaje de visita que habíamos hecho con la familia hace muchos años, otras me eran completamente extrañas. Practiqué mi recorrido, abriéndome paso entre la acera y las motos que circulaban a toda velocidad por la avenida. Trataba de saltar los baches al mismo tiempo de esquivar los montones de basura y de mantener el equilibrio sobre las sucias y resbaladizas bolsas de plástico. Ya no sabía si las constantes gotas húmedas pro- venían de los aparatos de aire acondicionado de las casas o de mi frente, además el viento caliente me apanaba con finos granos de arena. Detrás de mí, oía una melodía que bailaba constantemente, subiendo y bajando dos escalas musicales, junto a ellas venía un hombre que promocionaba una bebida con granos de maíz enteros en un contenedor en forma de bola gigante. El somó había sido una experiencia tan dulce de mi infancia que aún estaba firmemente grabada en mis recuerdos. Esta melodía se acompañaba arrítmicamente de sonidos graves emitidos por una gran variedad de compañeros motorizados. Con ese nivel de ruido, mi madre me habría dicho que estaba arruinando mis oídos y que me alejara. Sí, caminar aquí era realmente un reto.

A una cuadra de distancia pude ver a una mujer con un exprimidor de cítricos y una montaña de naranjas en un carrito. Oh sí, un zumo salvador. Dirigí mi cuerpo hacia ese puesto y un rato después disfruté del saludable refresco.

En la terminal de autobuses, olía a pollo frito. Miré el celular, eran las 11 de la mañana, mi hora favorita para desayunar, pero ese día no tenía que ser pollo a la broaster. Prime- ro el autobús. Sabía que me esperaba un viaje muy largo hacia el norte, también sabía que no sería fácil encontrar transporte hasta allá, hasta el lugar de mi origen y destino, hasta el lugar de mi búsqueda, así que decidí comprar pasaje para el primer tramo: Santa Cruz a Concepción. La pequeña ciudad estaba a sólo seis horas por carretera, una buena dosis de avance para el primer día.

Compré un billete para el autobús azul que parecía haber salido de un largometraje mexicano del siglo pasado. Eran los mismos en los que me habían llevado mis padres hace unos 13 años. Al menos eso era lo que mostraban las fotos.

Vi que no se habían vendido todos los asientos y me di cuenta de que no partiría pronto, así que aún había tiempo para desayunar. Qué maravilla. Decidí probar una empanada de queso espolvoreada de azúcar y un café. La masa estaba fantástica, pero tuve que endulzar mi bebida con tres cucharadas de azúcar para ahogar el sabor feo del polvo instantáneo. Los demás clientes hicieron lo mismo. ¿Por qué un país cafetero tomaba café instantáneo de Brasil? Recordé que hacía poco había leído que Bolivia había ganado un premio internacional por sus granos de café Arábica de los Yungas, y sin embargo tomaba granos Robusta instantáneo de Brasil. Un mundo extraño.

—Señor Ayo Vogelhorst, el autobús sale ahora.

Sólo cuando el joven me tocó, me di cuenta de que se refería a mí. Con la pronunciación boliviana, mi nombre era irreconocible. Incluso en Alemania, la gente lo encontraba extraño y lo confundía con el nombre del norte alemán *Hajo*. Constantemente tenía que explicar que en realidad sólo con- sistía en las tres letras a-y-o. Mi apellido *Vogelhorst* se con- virtió aquí en *Bocheljos* y, por lo tanto, apenas se recono- cía como mío. Al mismo tiempo, me alegré de no llamarme *Hajo* porque la pronunciación española aquí me convertiría en *Ajo*. Desde siempre mi nombre era algo muy importante para mí. Sentía que en él llevaba una parte de mi yo, de mi origen y de mi identidad. Sabía que tenía un gran significado, mi padre siempre me había hablado de eso. Entenderlo más profundamente era parte de esta búsqueda.

El hombre que estaba a mi lado en el autobús me pareció simpático de inmediato. De estatura media, pelo castaño con canas, frente plana, una saludable plenitud de cuerpo y ojos muy despiertos e interesados.

Sus jeans, su camisa a cuadros y sus botas de marca Timberland sugerían que, por un lado, se movía en el campo, pero, por otro lado, posiblemente paraba también en hoteles de cuatro estrellas. Con los 20 pasajeros restantes, la población de Bolivia habría estado bien representada en la estadística. En la primera fila de asientos, tres niños sentados juntos, a su lado una mujer pequeña y redonda, probablemente la madre. Justo detrás de ellos había un hombre mayor con un sombrero de paja y sorprendentemente pocos dientes, pero tenía una sonrisa que parecía haber tomado residencia permanente en las arrugas de su cara. En el centro se sentaban unas cuantas mujeres con faldas de longitud media, todas con trenzas largas, sombreros de paja y abarcas. También había otras personas de piel marrón pastel en distintas tonalidades que vestían pantalones de tela remangados y camisas. Me preguntaba qué aspecto tenía yo para la gente porque, aunque no era tan diferente en el color del pelo y la piel, mis ojos, mi ropa y mi comportamiento delataban que no frecuentaba esta región. Trataba de imaginar un parentesco con los otros pasajeros del autobús, buscaba similitudes, los escudriñaba y luchaba por detectar alguna familiaridad.

¿Cómo debería iniciar mi búsqueda? De repente empecé a dudar. Una vez más, me había precipitado sin pensar y eso nunca me había salido bien. Me encontré deseando que las palabras casuales de una persona de por allí pudieran guiarme hacia la dirección correcta de mi búsqueda, esperando pequeños milagros como los de los libros de Paulo Coelho. Quería que mi camino fuera así de sencillo y mágico.

Cerré los ojos y por un momento sentí la inmensidad de mi propósito. Por una fracción de segundo, la ligereza y la alegría juvenil dieron paso a una versión cambiada de mí mismo a la que no quería entrar. Mis amigos del colegio ha- bían sonreído, de la misma manera que un padre sonreiría si su hija de 5 años le informara de que se iba al África por un rato y que volvería para cenar. Una sonrisa amable y que al mismo tiempo indicaba que el proyecto nunca pasaría del mundo de los sueños a la realidad. "Sólo tengo que mirarle a los ojos una vez y entonces lo sabré, estoy bastante seguro", les repetía, pero cómo iban a entenderlo. Era un impulso que sentía dentro de mí como si hubiera entrado desde otra dimensión y me estuviera utilizando como huésped. ¿Pero qué podría pasar? Tenía que intentarlo.

—Señor, ¿va a ir a Concepción? —rompía la voz la barrera del sonido de mis pensamientos.

Mi vecino me sonrió amablemente. Primero tuve que ordenar las palabras y salir de los abismos de mi mente a la superficie. La pregunta me parecía un poco extraña, después de todo, estábamos todos en un autobús hacia Concepción.

—Sí. Es decir, no, no exactamente, no solo hasta allí, seguiré después.

Ya estaba trabajando en una respuesta a la pregunta que esperaba seguir, ¿a dónde?, cuando me entregó una bolsa de chipilo salado.

—¿Quieres chipilo? No eres de por aquí, ¿verdad?

De nuevo una pregunta tan complicada, con tanta filosofía. Me sentía abrumado, ya que la cuestión de mi procedencia y destino eran aspectos nada claros en esta fase de mi vida.

—Alemania, sí, es decir, mi padre es medio boliviano, mi madre es alemana.

—¿Ah, Hohenheim?

—¿Perdón? —Tardé en reconocer la palabra como una palabra alemana.

—Una vez estuve en Stuttgart-Hohenheim.

—Oh, sí. ¿Qué? ¿Así que lo conoces? ¿Conoces Alemania, estuviste una vez en Hohenheim?

Mi vecino resultó ser un experto en agricultura tropical, de la que aquí se practicaba en abundancia. Esos conocimientos estaban guardados en Stuttgart, donde los trópicos sólo se podían encontrar en el mariposario del jardín zoológico. Otra de esas realidades poco plausibles.

Mientras tanto, habíamos abandonado por fin la zona urbana de Santa Cruz y cruzado el Río Grande. El río inmen- so que, como me explicó mi vecino, tenía sorprendentemente poca agua en esta época del año. Era septiembre, cerca del final de la época seca, pero aún pasarían tal vez dos meses hasta que el curso de agua volviera a ganar caudal. Pasamos unas horas charlando de cosas triviales. Cuando ya habíamos pasado por Cuatro Cañadas, el simpático vecino "Timberland" (aún no sabía su nombre) señaló unos cultivos de soja y dijo "mira aquí, el evento HB4". Sonaba como una fórmula química o una marca de computadoras.

—La HB4 es una nueva semilla de soja modificada ge- néticamente que se introdujo aquí este año. Todavía no está aprobada en Europa, pero sí en China.

¿Evento? Me imaginaba un evento más bien como algo nocturno, con música, cerveza y mucha gente.

—Creía que aquí había soja genéticamente modificada desde hacía tiempo —intenté disimular mi ignorancia.

—Sí, desde hace muchos años. Primero sólo existía la soja Roundup Ready de Monsanto. Puedes rociar todo el glifosato que quieras y no conseguirás que la planta caiga. Ge- nial, ¿eh?

Me miró con los ojos entrecerrados, evidentemente queriendo comprobar cuál era mi posición al respecto.

—¿Pero qué crees que pasará con el agua si talan todo el bosque y siembran soja?

—Bueno, se contamina obviamente —respondí,

obe- diente.

—Bueno… contamina sí, pero peor aún, el agua desaparecerá. Todo el ecosistema se secará, ¿dónde va a quedar la humedad? Pero por eso tenemos ahora el evento HB4, una soja adaptada a la sequía —continuó.

Me sorprendió lo que había aprendido entre los suavos de Alemania. ¿O era más bien una sabiduría de Leverkusen, la sede de Bayer? ¿Cómo era el tema con Bayer y Monsanto?

Una vez hice una presentación de colegio sobre eso, pero ya me había olvidado de los detalles.

—Un momento, ¿así que primero se deforesta todo y se envenena con glifosato, y luego, cuando ya no hay agua, se trae una nueva variedad, o cómo se llamaba, evento, y se cultiva soja en seco? Genial.

—Sí, así es como funciona el mundo, o más bien como no funciona el mundo.

Me hubiera gustado preguntarle a qué más se dedicaba, si tenía familia, si dormía hasta tarde por las mañanas y qué tipo de música le gustaba, si estaba en camino a casa u otro lado, sólo preguntas normales y alegres como las que se hacen en los autobuses para conocer a los compañeros de viaje. Pero de alguna manera ya no tenía ganas de hacerle más preguntas. Miraba por la ventana y veía unas cuantas vacas cruzando la carretera, justo detrás de ellas unos 10 camiones alineados, como vagones de un ferrocarril, todos cargados de granos de soja. Iban de camino al siguiente silo. Un bache me sacó de mis pensamientos.

El camino no era tan perfecto después de todo, ya me había sorprendido. De mi primera infancia, sólo recordaba carreteras polvorientas y llenas de baches. Atravesamos innumerables pueblos más y me preguntaba si la carretera había sido asfaltada para dejar más espacio a los mercados ambulantes o para que la gente pueda secar sus productos. Un sinfín de motos pasaban rugiendo junto a nosotros, sirviendo también de taxis. Por lo menos, de esta manera, la gente siempre tenía brisa fresca y un medio de transporte muy práctico y barato. Pollos, quintales de arroz y familias con cinco o más niños circulaban tranquilamente en sus motos. Más atrás, incluso vi a alguien transportando una estantería que casi desprendió el techo de la tienda del vendedor de naranjas. En ese momento recordé la emisora de radio alemana que solía escuchar en el desayuno, siempre fielmente anunciando el estado de carreteras de la región. Si hubiera realizado sus anuncios aquí, iban a sonar algo así como:

Precaución en la carretera principal San Julián – Concepción. Hay partes de neumáticos en la vía, niños, conductores en sentido contrario, gallinas en el arcén, cuidado con el derrame de petróleo y un trabajo en carretera sin señalización. Por favor, conduzca despacio y no adelante. Informaremos cuando pase el peligro, pero mejor quédese en casa.

Finalmente, el panorama de la soja en los campos de cultivos y en las carrocerías de los camiones llegó a su fin, y el paisaje se volvió un poco más verde, más curvado y con más colinas. Y más baches, finalmente baches, ya me había sentido bastante poco boliviano en las carreteras de asfalto liso. Ya llevábamos más de cuatro horas de camino, no po- día faltar mucho para llegar a Concepción. Estaba deseando cambiar pronto el agua tibia de mi tomatodo por algo fresco. Mi compañero de viaje miraba por la ventana y debió notar mi euforia.

—Ahora estamos en la verdadera Chiquitanía, la de los jesuitas, lo sabes, ¿no?

Le sonreí y balbuceé un "hm yeah um", otro producto de mi esquema repetido de "primero habla, luego piensa". Afortunadamente, mi vecino se divertía haciendo de guía.

—Mira afuera, ahora se está poniendo bonito. Aquí a la izquierda está la iglesia, la plaza, gente relajada por todas partes, chiquitanos, debe ser la música barroca la que les hace feliz —concluyó su frase y se rio—. Cualquiera que haga música barroca debe estar relajado, ¿no? En sólo 100 años, los jesuitas misionaron a los indígenas, les enseñaron una vida ordenada de pueblo, construyeron iglesias y tocaron mucha música. Hacían violines con bambú, hay que imaginarlo, y eso en el siglo XVIII.

Sí, había oído hablar de ello. Realmente había leído mucho sobre lo que el mundo de mis antepasados podría haber sido alguna vez y estaba a punto de convertirse en mi mundo. Había leído cómo las viejas partituras fueron mal utilizadas como papel higiénico y que comunidades enteras tocaban melodías de Bach con el violín. Pero me había parecido una locura enseñar música barroca a los pueblos indígenas chiquitanos. Y aún más loco fue que continuaran esa práctica como una tradición propia. Me imaginaba a los señores Bach y Haendel cabalgando por el campo con sus pe- lucas blancas y sus carruajes tirados por caballos, entrando luego pavoneándose en la iglesia entre plátanos y papayas, limpiándose el polvo de las faldas para dirigir un concierto clásico. Algo tan absurdo, música barroca en plena selva.

Pero ahora se había despertado mi curiosidad.

—No fue muy amable por parte de los jesuitas obligar a los indígenas a vivir en una aldea, ¿verdad? Desde luego, los chiquitanos no llegaron a formar pueblos voluntariamente. Entre cazar, recolectar y ser libres o construir iglesias para los blancos, cantar canciones incomprensibles, tocar instrumentos desconocidos y adorar a un dios extraño, seguramente habrían elegido la libertad, ¿no?

—Olvidaste la tercera opción: ser asesinados por los españoles.

Eso podría haber facilitado la decisión después de todo.

Timberland miró un momento por la ventana y acabó el resto de su chipilo.

—Así que ya me voy. Ha sido un placer conocerte. Soy Fermín, o mejor dicho, Chacho, aquí tienes mi número de WhatsApp por si me necesitas. —Me tendió una de esas revistas de los Testigos de Jehová botadas por allí, en la que había anotado su número de teléfono. No entendía por qué él creía que yo pudiera necesitarlo.

—¿Esto ya es Concepción?

—No, pero casi. Falta otra media hora. Me quedo aquí en Las Piedras, es donde vive mi tío, le ayudo a hacer queso de búfalo y siempre descanso un poco junto al hermoso lago. Antes de que pudiera responderle, salió y saludó rápidamente mientras el autobús se ponía en marcha. En Alemania habría habido descansos para orinar cada dos horas y paradas oficiales con horarios fijos.

En este lugar, habría sido una pausa para orinar especialmente agradable, con vistas al lago. Desde siempre me encantaba buscar los lugares más bonitos para orinar en la naturaleza, ya podría publicar una guía para orinar en mi lugar de origen, la Selva Negra. Yo dividiría los lugares para orinar en categorías: con vistas a la naturaleza, con intimidad, con aire de montaña, con cortavientos por su propia seguridad; y los lugares a los que se llega con ganas a medias o deseos fuertes de orinar…

La llegada a Concepción no fue difícil de reconocer. Como diría Chacho, "otro pedazo de la verdadera Chiquita- nía", una plaza, gente amable, pero todo un poco más grande que antes. Todo el mundo salía a la calle con sus amarros, yo también agarré mi mochila y fingí saber exactamente a dónde iba. Quería evitar a toda costa que me desenmascararan como turista.

El primer punto del orden del día era evidente: orinar y comer. Seguramente después tendría uno de esos maravillosos encuentros mágicos y el resto del viaje se desarrollaría por sí solo.

Así lo imaginaba, así lo deseaba y así no tendría que tomar decisiones ni asumir responsabilidades por mi cuenta. Pero el destino no me haría la vida tan fácil.

Justo en la plaza, una mujer me saludó desde la puerta de su restaurante. No sé si quería hacer publicidad de su oferta de comida o simplemente estaba de buen humor. Tenía el pelo castaño recogido con pasadores y era de mediana edad. Sin embargo, sus ojos brillaban como sus uñas recién pintadas. El Buen Gusto, eso sonaba prometedor, así que decidí seguir la sonrisa. A estas alturas ya había oscurecido, pero no hacía frío. El keperí con yuca y arroz, y un delicioso jugo de acerola, me devolvieron todas mis esperanzas y estaba con-vencido de que todo fluiría al día siguiente. Me encontraría con la familia de mis abuelos y así comenzaría mi búsqueda. Mi optimismo era mi compañero constante en la vida, siempre abriéndose paso entre las nubes grises de mi pensamiento.

Sin embargo, ya no estaba seguro de si mi misión había sido realmente una buena idea. ¿Qué pasaría si lo encontrara? ¿Qué sería de mí entonces? ¿Y si no lo encuentro? Sentí que se enredaban mis pensamientos y seguí caminando.

Todos los pueblos del mundo buscaban algo, eso no era nada raro. Podía ser la tierra prometida, o como la llamaban los pueblos aquí, en el Amazonas, el Gran Paitití, el cerro sagrado o la Loma Santa. La tierra sin sufrimiento, sin mal, como la describían los indígenas guaraníes. Todo un constante buscar sin encontrar. En Europa, la gente anhelaba la felicidad en la máquina de café más moderna, y en Asia, en el dominio del mundo. En Australia y África, en el agua, y en Norteamérica tenían la misión de encontrar al mejor presi-dente para el show humorístico. Los animales, al fin y al cabo, también buscaban. Comida, lugares seguros para dormir, nidos, parejas para aparearse. Sin búsqueda no éramos nada, estábamos muertos. Estaba seguro de que esto también era cierto para nuestra especie, el Homo Sapiens. Una cucaracha se abría paso por debajo de la puerta del baño del restaurante. Yo disfrutaba el canto de los grillos en la noche, mientras el loro sentado encima de mí, en un viejo marco de madera, me miraba sin parlotear. ¿Y si encuentro lo que busco?

¿Y si no lo encuentro? De repente, ambas opciones me parecían aterradoras. Vacié mi plato y entré a un hostal sencillo, me acosté en la cama y decidí no molestarme con estas cuestiones tan complicadas. Dejaría que otro se ocupara de ello por mí. Quien sea, algún dios, alguna fuerza cósmica, el destino, no me importaba.

CAPÍTULO III

Un desayuno maravilloso, simplemente delicioso. La esposa del dueño, María, debe haberse levantado a las 4 de la mañana para hornear todas estas delicias: pan de arroz, cuñapés, tamales, además de preparar las frutas tropicales increíblemente deliciosas. Aquí pude ver que las papayas crecían en el jardín, y quizás los guineos también. La única estrella que le quitaría sería por el café, de nuevo café instantáneo, una ruptura total de estilo.

Todos los huéspedes estaban repartidos por el hermoso jardín como si hubieran sido dispuestos en una maqueta arquitectónica, con la decoración artísticamente colocada y los juegos de té en perfecta armonía. Los sonidos de la música barroca bailaban alrededor de las tazas de té como si esparcieran gotas de buen humor por todas partes. Ametauná era un albergue sencillo, pero el patio merecía al menos cinco estrellas. No podía uno mirar tantas flores de colores. Justo encima de mí vi una orquídea a punto de florecer, una lengua amarilla con puntos rosas, fina y delicada, como uno se imagina la cama de un hada. Una maravilla de la naturaleza. Yo no podría haberlo dibujado más bonito, aunque eso no era un buen parámetro pues mis habilidades de dibujo me dieron mucha diversión en el pasado ya que nunca era posible reconocer nada de lo que trazaba. Mi perro dibujado parecía ratón y el elefante un bambi. Un caso sin remedio. Pero estoy seguro de que Vincent Van Gogh tampoco lo habría dibujado con más belleza, seguramente se habría inspirado en ese esplendor floral.

Saqué mis papeles y notas. Abrí el portátil y volví a mirar mi emprendimiento. Según mi padre, tenía que tomar un trufi hasta San Cristóbal, en el norte, y luego encontrar una moto que me llevara a Cañada Larga, mi comunidad, donde comenzaría mi búsqueda. Sólo recordaba vagamente los rasgos de mi abuelo, su piel áspera, sus sabios ojos negros y almendrados, sus piernas huesudas y su ser tranquilo. Me pregunté qué le había pasado. Lo que más recordaba era su olor, tal vez eso se me pegó especialmente de niño, no lo sabía. Todavía podía sentir el olor del bosque, de hojas y tierra mezclado con un aroma dulzón similar al de un melón. Era extraño, sólo recordaba las reacciones de mis padres.

Habíamos recibido una llamada un día, en una línea frágil, y sólo habíamos entendido una de cada dos palabras. En aquel entonces no existía WhatsApp, ni Skype, ni vídeollamadas, únicamente hubo una conversación de dos minutos por teléfono cableado con una sola información: el abuelo había muerto. Papá viajó al funeral, debe haber pasado unos siete años desde esa vez, pero no pudo quedarse mucho tiempo entonces y en su permanencia se había enterado de lo que ya sabíamos: el abuelo había muerto. Así eran las cosas en el campo, él había tenido un dolor y había muerto. Listo, nada más. Eso es lo que le habían explicado a mi padre. Claro que no tuvieron la oportunidad de llevar al abuelo a un hospital antes, para que lo atendiera un médico. Ni siquiera Juan, el curandero del pueblo, pudo decir nada más al respecto. No habían dejado de repetir que Miro, mi abuelo, fue un hombre muy especial y que sabía hacer cosas increíbles. Nunca supe qué era eso tan increíble que sabía hacer, aunque sí, mi abuelo me había dejado una profunda impresión desde pequeño. Siempre sentí un lazo muy fuerte entre nosotros.

Pero también existía esa otra historia, la historia que mi padre había mencionado de paso, pero sólo como una pequeña anécdota, como un comentario sin sentido, como la idea de un niño. Nunca les había dicho a mis padres que creía en esa historia, sólo se habrían burlado de mí.

En ese entonces decidí explorar a fondo esa historia el día que tuviera la edad suficiente. Y ahora llegó el momento. Mi gran búsqueda. No le había dicho a nadie la verdadera razón de mi búsqueda. Sólo dije que quería explorar los orí- genes de mi abuelo y conocer al pueblo Arawak como parte de mi propia identidad. Aunque esa afirmación no era falsa, no era completa, tenía que perseguir esa segunda historia. Sí, eso era lo que me impulsaba.

Volví a poner en marcha a Archie, como llamaba a mi programa cartográfico favorito ArcGIS 10.8.1. Cargué la imagen de satélite de la región del norte de Concepción, los shape files de los límites del municipio, las carreteras y caminos y la ubicación exacta de Cañada Larga, la comunidad Arawak, la comunidad del abuelo. A partir de esta información, Archie creó un hermoso mapa para mí. Hasta San Cristóbal, la vía estaba trazada como carretera secundaria, pero a partir de ahí la conexión con Cañada Larga no estaba marcada en absoluto. Debía continuar en algún lugar desde San Cristóbal, en dirección noreste, pero ya lo averiguaría. Al día siguiente quería partir.

Llevaba dos horas parado a un lado de la carretera principal Concepción - San Ignacio, paseando como un gato sin rumbo. A mi lado, un perrito negro dormía plácidamente. Al otro lado de la carretera se vendían hojas de coca, en grandes sacos de yute, machucada, no machucada, con bicarbonato, stevia o lejía, sabor maracuyá o chicle. Había coca para todos los gustos. Ya había caminado dos veces hasta la tienda de la esquina al otro lado de la carretera, una vez para comprar una botella grande de agua de 2 litros y otra por galletas de agua para el camino. El trufi aún no salía hacia San Cristóbal. Llevaba ahí dos horas, y el taxi estaba "casi lleno". Desde entonces, al menos cinco pasajeros habían comprado pasajes y todavía seguíamos "casi llenos".

El Toyota Noah tenía tres plazas en el asiento trasero, tres plazas en el asiento central y, si no me equivocaba, dos plazas en la parte delantera junto al conductor.

Encima del freno de mano habían colocado un cojín con un diseño de cuadros marrones que prometía ser un asiento de lujo. Según mis cuentas, sólo faltaba un pasajero más para finalmente ponernos en marcha, si es que, hasta entonces, el conductor no saliera a almorzar.

Cuando por fin nos pusimos en marcha, sentí una especie de emoción que me recordaba al momento en que las campanitas de las fiestas navideñas familiares nos llamaban para abrir regalos. Esa sensación de experimentar algo excitantemente desconocido y al mismo tiempo maravilloso. Mi corazón latía tan rápido que me asombraba de mí mismo.

¿Por qué de repente estaba tan emocionado ahora?

El camino serpenteó por la carretera asfaltada, algo accidentada, durante unas cuantas curvas, y luego se desvió a la izquierda hacia el norte y se adentró en el bosque. El firme gris del polvo de la carretera se convirtió en tierra roja. El carril de seguridad de 5 metros de zona libre de vegetación se redujo a cero. Las copas de los árboles se alzaban sobre nosotros y nos acogían. La exuberante vegetación a ambos lados del camino no permitía ninguna mirada más profunda hacia el bosque. De vez en cuando, las ramas golpeaban el parabrisas, que afortunadamente seguía intacto. Por el contrario, el lugar donde uno esperaría encontrar una ventana, por la segunda fila de asientos a la izquierda, estaba tapado con cinta de embalar transparente. Nos soplaba una brisa fresca en la cara, sin la cual nos hubiéramos cocinado vivos con ese calor. A esas alturas, todos habíamos adquirido un color marrón-rojo uniforme en todo el cuerpo, como si nos hubieran retocado con un efecto vintage. La tierra roja estaba en cada poro, convirtiéndose en una máscara facial desmenuzable con el sudor. La lucha del motor en la arena fue acompañada por el canto nostálgico de Facundo Cabral: "No soy de aquí, ni soy de allá, no tengo edad, ni porvenir y ser feliz es mi color de identidad". Qué increíblemente congruente con mi situación en este momento.

Me quedé dormido durante algún tiempo despertándome una y otra vez por los baches. De pronto un freno brusco hizo que el Noah patinara un poco y se detuviera. Un pequeño bulto de color marrón-gris oscuro es- taba frente a nosotros. Rápidamente, al igual que los demás pasajeros, salí de la movilidad, me acerqué al bulto y reconocí una pequeña cara redonda con una amplia sonrisa. Esta pobre criatura era cualquier cosa menos sonriente, pero el universo había creado un rostro que sólo podía sonreír. Lentamente movía sus brazos infinitamente largos con los tres dedos puntiagudos para desplazarse. Me acordé del juego de cartas con motivos de vida silvestre que teníamos en casa. Allí figuraba el perezoso, el mamífero más lento del mundo. Altura 0,6 m; peso: 5 kg; velocidad: 0,146 km/h; número de crías: 1; edad máxima: 40 años.

El hombre que iba en el asiento del freno de mano, en la parte delantera central del Noah, cogió al perezoso por el cuello y lo puso en el árbol de al lado. Era increíble lo que saltaba en esa piel de animal: una simbiosis de algas verdes y rojas, emparejadas con larvas de mariposa, polillas y escarabajos que permitían, a nuestro amigo sonriente, alimento y protección constante en las alturas de los árboles. Rápidamente quise agarrar mi celular para tomar una foto del amable animal, pero el viaje se había reanudado.

Siempre había pensado que los latinos eran muy comunicativos, pero en este viaje los pasajeros estaban dormitando cansados y no decían ni una palabra. Aparte de eso, no habría sido posible mantener una conversación muy relajada con ese ruido de motor y el ritmo de la radio. Tenía muchas preguntas para hacerles: si había muchos perezosos, qué otros animales se encontraban aquí, cuáles eran peligrosos o venenosos y cuánto tiempo faltaba para llegar a San Cristóbal. Cubrí mis preguntas con tierra roja y me limité a mirar silenciosamente por la ventana.

San Cristóbal se anunció al despejar el bosque y revelar una vista de amplios pastizales. Las brechas en forma de espina de pescado cortaban el paisaje a la derecha y a la izquierda del camino principal, y cientos de cabezas de ganado cebú Nelore retozaban bajo árboles y palmeras dispersas en busca de unos pocos espacios de sombra. Cuanto más nos acercábamos al pueblo, más a menudo veíamos diversos cultivos. Pude reconocer las plantaciones de plátano y papaya, pero mis conocimientos de agricultura tropical no llegaban más allá. Quizá debería haber visitado la Universidad de Hohenheim, como Chacho, antes de emprender el viaje. Seguramente habría encontrado gente más habladora que hubiera podido introducirme un poco aquí.

San Cristóbal resultó ser un pequeño pueblo. La plaza principal consistía en una gran pradera que servía de cancha de fútbol donde ahora pastaban las vacas. Las casas de los alrededores estaban hechas de adobe, algunas combinadas con ladrillo, sin pintura y con techos de calamina. Debe haber sido increíblemente caliente allí abajo. En total, el pueblo tenía unas 100 casas repartidas en unas cuantas manzanas. Con el trufi pasamos por la plaza, o mejor dicho por la cancha de fútbol, y nos fuimos directamente al mercado, que era un conglomerado de lonas de plástico, motos, cumbia reguetonera, pollos desplumados colgados boca abajo, camiones cargados de cítricos y un montón de gente. No entendía cómo tan pocos habitantes podían desencadenar tanto dinamismo. Los olores de los anticuchos de pollo a la parrilla y las papas fritas despertaron mis ánimos. Pasaron muchas horas desde la última vez que comí algo. Las galletas de agua ya se habían terminado. Me senté en un banco de madera con vista al bullicio de los vendedores ambulantes y pedí una sopa de maní. Recordé que una vez habíamos cocinado ese plato con la comunidad boliviana de Stuttgart en las fiestas patrias. Los alemanes se habían sorprendido al encontrarse con papas fritas dentro de la sopa y la llajua no la tocaron, menos mal no le habíamos puesto patas de pollo.

Miré la pata de pollo en mi cuchara a la espera de algún tipo de asco, pero me di cuenta de que, al fin y al cabo, yo estaba muy abierto a diferentes hábitos alimenticios, por lo que seguía agradeciendo profundamente a mis padres, que siempre me habían presentado una gran variedad de platos y creaciones de todos los países a lo largo de mi infancia.

Me quedé mirando la cuchara durante un largo rato y mis pensamientos me traspasaron como pequeños relámpagos. La historia, mi historia, estaba nuevamente cerca. La razón de mi viaje estaba allí. Maní, sí, exactamente. Sin el maní no hubiera sido posible, lo ocurrido, esa otra historia. ¿Acaso mi abuelo había tenido este mismo u otro tipo de maní? ¿Si lo había pelado él mismo? Pensé que ojalá lo averiguara pronto. Trataba de seguir la conversación de una pareja que estaba sentada a mi lado. Ella llevaba un gran sombrero de saó y una pollera hasta las rodillas, tal cual lo había visto en fotos de los indígenas del altiplano, además del aguayo sobre los hombros en el que guardaba sus productos, pero que habitualmente usan para cargar a los niños más pequeños. Estimé su edad entre 40 a 60 años, realmente no pude ser más preciso. Parecía muy agotada, como después de años de duro trabajo en el campo, pero al mismo tiempo sus ojos se veían mucho más jóvenes que su piel. Hablaba con su marido en un idioma que yo no entendía. Lo tomé como una buena razón para abrir una conversación.
—Buenas tardes, ¿qué idioma hablan?
Ella soltó una tímida risita, él dijo brevemente:
—Quechua.
—Entonces, ¿vienen de las tierras altas?
—Cochabamba, Chapare —habló ella.

Sabía que las tierras bajas del Chapare, en el departamento de Cochabamba, eran la principal zona cocalera de

Bolivia. Esa región y el movimiento cocalero que surgió de allí habían impulsado a Evo Morales al poder en 2006. ¿También se cultiva coca aquí? Era la primera pregunta que se me surgía pero no quería preguntar tan directamente, igual ellos se me adelantaron.

—¿De qué ONG es usted?

Esa era probablemente la única razón por la que se encontraban aquí un extranjero.

—Sólo vine de visita.

—¿Por el mercado del domingo?

Así entendí por qué había tanto ajetreo en ese momento, el mercado del domingo, supuse que era más tranquilo los otros días de la semana.

—Sí, el mercado me impresiona.

No quise develar demasiado la razón real de mi viaje, pero continué:

—¿Conocen a una comunidad llamada Cañada Larga?

—No, no conozco.

—¿Arawak?

Se limitaron a mirarme sin entender.

—¿Viven aquí? —seguí preguntando porque me interesaba profundizar sobre su historia de migración desde el Chapare.

—Llevamos 25 años aquí. La iglesia, el padre Steinhuber de Santo Corazón, nos dio la tierra. Era un terreno sin uso, sólo bosque. Hemos traído progreso, incluso exportamos. Sésamo, soja, chía. Exportamos a todo el mundo. Sin nosotros, todo esto seguiría siendo una tierra inútil.

Lo de la "tierra inútil" yo lo veía un poco diferente.

—Pero la selva no es inútil, los frutos del bosque, la me- dicina, las maderas tropicales y de todos modos el oxígeno que genera el bosque. Sin esta selva amazónica, el clima de todo el mundo se volcaría, si no lo está haciendo ya.

¿Me he pasado con mis comentarios? ¿Qué sabían

es- tos agricultores sobre el clima mundial y cuánto les importa- ba? Pero las palabras se me salían. Cuántas veces había habla- do de esto en Alemania, cuántas iniciativas de voluntariado había apoyado. Había participado en los famosos Fridays for Future para proteger a la selva amazónica, al fin y al cabo era también mi casa, la de mis antepasados, y una región forestal sin la que la humanidad no podrá sobrevivir.

—¡Eres de una ONG! ¿De dónde eres, gringo? ¿De Estados Unidos, Canadá, Europa? Son todos iguales. Primero cortan su propio bosque, su economía florece y ahora vienen a decirnos a nosotros qué hacer y nos prohíben el chaqueo. También tenemos derecho a progresar.

Allí estaba yo, mis palabras cortadas como el bosque que me rodeaba, mirando mi plato de sopa de maní, ahora vacío. Había muchas emociones de por medio, probablemente había tocado un tema muy sensible, tanto para ellos como para mí. ¿Cómo podía salir de ello ahora? Se me ocurrió tocar el tema más hablado en el mundo.

—¿Y también juegan fútbol aquí?

Mi estrategia funcionó. La respuesta vino inmediata- mente del hombre.

—Claro que sí. Siempre los sábados, después de la reunión comunitaria. Soy un poco viejo, antes jugaba todos los días, ahora soy el secretario de deportes de San Cristóbal. Mi hijo juega. Con permiso.

Con estas palabras, se levantaron y poco después fueron engullidos por el bullicio del mercado. ¿Cómo es posible que lleven 25 años viviendo aquí y no conozcan Cañada Larga? ¿O tal vez no me lo querían decir? ¿Pero qué razón habrían tenido para ocultármelo? ¿No querían que fuera allí? Mi padre había estado allí hace sólo siete años, y me había descrito claramente el camino. Desde aquí había que ir unas tres horas más en dirección noreste. No había muchos otros pueblos. Era muy extraño.

Decidí probar más suerte y entré en una tienda que lindaba directamente con la plaza o cancha de fútbol.

—Una botella de agua, por favor. —Cuando llegamos al lugar había vaciado el resto del líquido tibio de mi botella de 2 litros comprada en Concepción sobre mi cabeza. Algo frío para tomar me venía bien ahora y me daba un motivo para entablar una conversación con la mujer de la tienda. Le calculaba unos 30 años, llevaba un pantalón de tela suelta con un estampado floral y una polera azul oscuro con la palabra bésame.

Después de que intentara en vano venderme una Co-ca-Cola o una soda similar, sin entender cómo yo podía gastar dinero en agua, le pregunté el nombre de la siguiente comunidad hacia el noreste. Me explicó que San Cristóbal se extendía por muchos kilómetros más, luego habría algunas haciendas privadas y eventualmente una comunidad de "co-memonos". Cómo era el nombre de esa comunidad, pregunté, ya que "Comemono" no me convencía. ¿Se supone que ese era mi pueblo? Mi padre no me había dicho nada sobre las chuletas de mono, pero por supuesto que cazaban su propia carne, como todos los pueblos indígenas de las tierras bajas. ¿Si tenía un mapa? "No". ¿A qué distancia era? "A veces 3 horas, en la época de lluvia 6 horas, o a veces no se llega". ¿Y de qué otra manera, cuando no es época de lluvia, por ejemplo, hoy, llegaría yo a esa comunidad? "Debería preguntarle Don Edilberto".

Oh, mi querido Archie, cómo te extrañaba.

Con mi programa Archie siempre sentía que podía encontrar mi camino en cualquier lugar. ¿Cómo no iban a tener un mapa? Eso fue para mí como no tener techo, como no tener norte, como no tener orientación en la vida, como estar perdido en el espacio. Antes de venir había memorizado bien los mapas y la imagen satelital de la región, había hecho una captura de pantalla y la había copiado a mi celular, pero sin la localización GPS no podía seguir mi camino. Mi teléfono ya había perdido todo el rastreo y sólo le quedaba un 5 % de batería. De nuevo abrí la pantalla y miré lo que había entre San Cristóbal y Cañada Larga en dirección norte-noroeste. Reconocí más pastizales de color marrón-beige, sospeché de algunas plantaciones que sobresalían del entorno con forma- tos geométricos, y vi aparecer otra vez zonas verdes de bosque prístino más al norte. Ahí era donde tenía que ser. Una comunidad que se había integrado tanto con la naturaleza que era irreconocible en una imagen satelital. Eso fue todo. Mi celular se apagó, pero a quién iba a llamar aquí en medio de la nada o, según la perspectiva, en medio del todo.

Me volqué nuevamente hacia la simpática vendedora y traté de hacer uso de mi encanto mediterráneo.

—Qué ojos tan bonitos tienes. Con lo bien que sabes moverte por aquí, seguro que me puedes decir dónde puedo encontrar al tal Edilberto. Por cierto, me llamo Ayo. —Mi encanto surtió efecto y la vendedora se ofreció a llevarme personalmente a la casa de Edilberto.

—Soy María José, Majo. Encantada de conocerte —añadió.

Siempre me había asombrado ese nombre, que se podía usar en forma masculina o femenina cambiando solamente el orden de los nombres. José María era el nombre de un amigo boliviano de Bonn y ahora tenía delante de mí la forma femenina, María José.

—¿Por qué quieres ir allí, a donde los comemonos? —reanudó la conversación.

¿Qué podía decirle? Me decidí por una porción digerible de la verdad.
—Mi abuelo es de allí y quiero visitar a mi familia.

—Vaya, entonces eres uno de los nuestros, un boliviano. Eso es genial. ¿Pero cuál es tu relación con los comemonos?

—No, la gente es Arawak y el pueblo se llama en realidad Cañada Larga. ¿Lo conoces?

—Hmm.

Lo interpreté como un no. A partir de entonces, empecé a usar el apodo despectivo del pueblo, aunque no me gustaba para nada y además yo seguía sin saber si nos referíamos al mismo lugar y a la misma gente. Majo me llevó por una calle lateral, a tres cuadras de la plaza, hasta la casa de Edilberto, y me dijo que él era el dirigente de la comunidad y que, de todos modos, lo sabía todo.

¿Qué harían conmigo ahora, me interrogarían?, ¿Tendría que conseguir un permiso de estadía o jurar al reglamento de la comunidad? Lo único que quería saber era cómo podía seguir viajando y si había algún medio de transporte que siguiera el camino que, desde el punto de vista de Archie, no era un camino.

No podría haber dicho de antemano cómo me hubiera imaginado que sería un líder de una comunidad quechua de campesinos cocaleros migrantes, pero don Edilberto tenía exactamente ese aspecto. Altura media, líneas fuertes y saludables, abarcas y una mejilla en la que parecía que se hubiera confundido una pelota de tenis con un chicle. ¿Cuántas hojas de coca podían caber en una sola boca? En la pared de la entrada colgaba una foto del presidente y una bandera *whipala* que con sus muchos cuadrados de colores formaba un bonito arco iris. Era la bandera oficial junto a la bandera nacional desde 2009 e indicaba claramente la estrecha conexión cultural con el Kollasuyu, la región de los Andes bolivianos.

Al otro lado había un pequeño altar con una virgen y unas velas dobladas por el calor. La casa había sido construida enteramente con ladrillos y tenía un gran patio donde al menos cinco niños pequeños jugaban con gallinas, perros, gatos y otros animales entre montones de hojas y basura. En la casa de al lado, una mujer estaba sentada sobre la base de un balde de pintura volcado, desplumando una gallina.

—Hola Majo, ¿a quién traes contigo? —sonaba el saludo de don Edilberto.

—Un gringuito perdido. Quiere ir hasta Comemonos. Le dije que te preguntara a ti.

—¿Me has traído mi *bico*?

—¿Qué, ya has consumido todo con tu bolo? Sí, sí, te traeré mañana. —Finalmente se dirigió a mí—. Así que, gringuito, no sé qué quieres aquí, no hay nada. —Esperé y no supe muy bien si era una pregunta para mí o no. Consideré por un momento debatir el significado de "nada", pero ese no era el momento adecuado. Sentí que no necesitaba justificar por qué quería ir allí. Decidí no responder a su no-pregunta, pero un poco de caricias a su ego, ciertamente, lo complacerían.

—Me llamo Ayo y estoy muy contento de estar en su pueblo. Veo que hay mucho movimiento aquí, desde luego que usted no tiene una tarea fácil. Podría ayudarme, por favor, ¿cómo se puede transitar por aquí si uno no cuenta con una movilidad y uno no quiere ir a Concepción?

Mi estrategia funcionó.

—Así que, si buscas a alguien que te lleve, lo mejor es que vayas al frente donde está el cartel "Venta de gasolina", ¿lo ves, joven?

Pude distinguir el cartel escrito a mano al lado de la carretera, pero seguía sin entender qué se suponía que haría yo allí. Don Edilberto me ayudó a entender.

—Toda la gente que se dirige hacia el norte tiene que pasar por allí, a menos que haya traído un enorme bidón de gasolina desde Concepción. Párate allí y pregunta a todos los que compran gasolina, quizás tengas suerte y alguno se dirija al norte y te lleve.

Es día de mercado. Suerte, sí, ojalá. Compré unos cuantos gualeles como provisión con la esperanza de poder iniciar un viaje hoy. En el cartel "Venta de gasolina", un niño de unos 10 años estaba sentado y abrazando a un perro callejero. Me acerqué.

—Hola chico, ¿vendes gasolina aquí?

—Sí, pero deberías traer tu propio vehículo —respondió de manera pícara. Bien, 1 a 0 para él.

—¿Crees que puedo descansar aquí un rato hasta que mi chófer venga a llevarme al norte?

Esta vez no contestó y siguió acariciando al perro. Supongo que ya no estaba de humor para bromas. Lo tomé como un consentimiento y me senté en el tronco de un árbol. Al mismo tiempo, innumerables moscas se unieron a mí y volaron alrededor y dentro de mis ojos, fosas nasales, agujeros de las orejas y cabello, como si todas quisieran agarrar un lugar seguro en el viaje hacia el norte.

Ya me había conformado con la idea de pasar la noche en este sitio sumando oficialmente *La Espera* al deporte nacional boliviano y a mi lista de disciplinas olímpicas ficticias que por ahora contenían *El Bloqueo de carreteras y Marchar en las calles*. Entonces, una camioneta Toyota Hilux blanca se detuvo frente a la tienda y realmente compró gasolina. Un hombre alto y corpulento con botas de vaquero se bajó e intercambió algunas palabras con el chico.

No pude entender el idioma, en cualquier caso, no era ni español ni quechua. ¿Servirá de algo mi encanto mediterráneo? Valía la pena intentarlo.

—Hola, quiero ir al norte, ¿vas a ir allí por casualidad?

—Me voy a Rancho Bello, si te sirve de algo —respondió secamente con acento extranjero. Por desgracia, no sabía dónde estaba Rancho Bello y mi Archie no me ayudaba en ese momento.

—Si eso está en el norte, me parece bien. Quiero ir a la comunidad Cañada Larga, ¿la conoces? — añadí desesperadamente. Qué sentido tenía que alguien me llevara al norte y me abandonara en la selva sin tener ni idea de la comunidad. Cuando mi padre estuvo aquí hace 7 años, todavía se podía comunicar con su primo Anastasio por teléfono, así es como lo recogieron aquí en San Cristóbal en aquel entonces, pero no se sabe en qué momento ese número dejó de funcionar y ya no pudimos comunicarnos con la familia.

—Sube —dijo el vaquero, señalando la puerta del pasajero. Me sentía incómodo al entrar en la camioneta a solas con un completo desconocido con acento extranjero y botas de vaquero. El machete en la parte trasera no me hizo sentir más cómodo. Seguramente la escopeta tampoco estaba lejos. Ni siquiera sabía si me llevaría a mi destino o a otro lugar completamente distinto.

Siempre me vence mi optimismo. Sólo lo puedo explicar con el hecho de que la amígdala de mi cerebro es del tamaño de un pomelo o de una pelota de voleibol, siempre ganando la partida, mientras mi cerebro racional me recordaba constantemente de lo ignorante que era. La primera vez que me di cuenta de esto fue cuando estábamos en Italia, en Venecia y Trieste, en nuestro viaje de promoción, y cómo tres de nosotros habíamos subido a un tren en mitad de la noche para cruzar la frontera con Eslovenia y volver. Teníamos que estar de vuelta en el hotel en el desayuno para que ninguno de los maestros acompañantes se diera cuenta. Así que quisimos cruzar la frontera una vez sin pasaje de tren y sin documentos, sólo por la emoción de hacerlo. Nos escondimos del revisor de boletos, nos bajamos en la primera parada después de la frontera, caminamos en medio de la noche en algún pueblo perdido. Nada estaba abierto. Vimos que el primer tren de vuelta a Trieste no salía sino hasta las 6 de la mañana, así que caminamos durante una hora y luego nos tumbamos en un banco hasta que un policía nos despertó. Nos quedamos medio congelados y casi nos caemos del banco del susto. Por supuesto que quería ver nuestros papeles, no los teníamos con nosotros.

El billete de tren, por favor, tampoco lo teníamos. Y entre el inglés, el italiano y el alemán, mucha información, nadie entendía nada. Entendíamos que nos dijo que fuéramos con él a la comisaría. No teníamos ni idea de qué esperar. Una mujer con un perro *border terrier* pasaba por delante de la puerta de la comisaría, probablemente ya había escucha- do nuestra historia.

En cualquier caso, conversó algo incomprensible con el policía y terminó llevándonos a su casa. Nos tomamos una taza de chocolate caliente y luego agarramos el tren de vuelta por la mañanita, con pánico al revisor. Me sentí un poco como en una película de fugitivos. Volvimos completamente somnolientos, pero habíamos agotado nuestra ración de adrenalina del día.

Así que me subí a la camioneta, me senté en el asiento de adelante a una distancia segura del machete y sonreí amablemente. Pase lo que pase ahora, siempre te llevas mejor con una sonrisa, pensé. Poco después tenía en la mano un cuerno de toro con una bombilla de acero inoxidable, lleno de tereré con sabor a menta y limón, increíblemente refrescante.

—Joao Calera do Deus du Matogrosso, Brasil —se presentó mi chofer privado.

—Ayo Vogelhorst du Alemanha —intenté imitar. Se rio.

—¿Gosta tereré? —preguntó, señalando al cuerno de toro.

—Sí, está delicioso, gracias —respondí con sinceridad, agradeciendo interiormente a mi amígdala por instigar este paseo. El estimulante mate, junto con la música de samba a todo volumen, me puso de muy buen humor. Era una pena que no me supiera la letra, sino la hubiera cantado.

Ya estaba oscureciendo después de una hora de viaje, miré mi reloj y me di cuenta de que ya eran las seis y media, la hora de salida y puesta del sol de todo el año en los trópicos. Hubiera preferido una tarde de verano alemana con luz de día hasta las diez y media de la noche, pero confiaba en que Joao conocería el camino. De todos modos, no había forma de perderse, había una sola ruta.

La movilidad siguió las pistas como si fueran vías de tren, dos profundos surcos de barro seco nos señalaron el camino a través de la selva. No se pudo distinguir mucho más. No es de extrañar. Esta carretera no figuraba en el registro de carreteras y, desde luego, no era transitable en época de lluvia.

Al igual que cuando habíamos llegado a San Cristóbal, pasamos por delante de las plantaciones de plátano y otras durante mucho tiempo en el camino, detrás de ellas venían amplias praderas para el ganado y luego sólo verde oscuro, sólo podía adivinar la densidad del bosque. A pesar del tereré y la charla en español-portugués, debí haberme quedado dormido en algún momento porque mi hombro se tensó cuando Joao me despertó con las palabras *Bemvindo no Rancho Bello*.

Cuando me desperté estaba, como dirían apropiadamente los australianos, *bushwacked*: completamente abatido, sucio, sacudido, arañado por las ramas. Era un plato de cena para algunas colonias de mosquitos y estaba cansado como un perro. Debían haber sido las dos o tres de la mañana cuando llegamos. Ni la derecha ni la izquierda ni los hemisferios inferiores ni los superiores de mi cerebro funcionaban a esas horas. Joao había dirigido mi piloto automático hacia el colchón más cercano, donde debí haberme dormido.

Cuando desperté ya se veía el amanecer y a través de las mallas protectoras de mosquitos de mi ventana podía ver a Joao, que ya estaba sentado de nuevo en la terraza con su tereré, reparando la cuerda de su hamaca.

Tras el reinicio de mis funciones corporales, una sola pregunta rondaba por mi cabeza. ¿Y ahora qué? ¿Dónde, diablos, estaba yo y cómo podía llegar de aquí a Cañada Larga? ¿Cuánto faltaba de camino? ¿Estaba siquiera en la dirección correcta? La primera exploración de mi nuevo entorno reveló una estructura metálica con un colchón, cuatro paredes desnudas con un calendario anual amarillento del año anterior, en el que se reconocía una vaca gorda junto a los pechos de una mujer semidesnuda. ¿Era para destacar la buena leche o simplemente para estimular las hormonas de la felicidad masculina?

Primero tuve que encontrar una toma de corriente y cargar mi teléfono móvil. De esta manera, tal vez podría lo- calizarme un poco a través de mi GPS. Me pareció demasiado grosero empezar por pedirle cosas a Joao directamente, así que me dirigí a él y me decidí por una frase banal.

—Tienes un bonito lugar aquí.

Inmediatamente me sentí de nuevo ingenuo e ignorante. ¿No podía haber pensado en un comentario más inteligente? Joao se limitó a devolver la sonrisa y volvió a mirar el paisaje, donde se veían amplias colinas con árboles dispersos, probablemente una pradera para el ganado. De cuando en cuando, las palmeras de motacú y totaí se alzaban de la tierra como recordatorio de que una vez hubo aquí una profunda selva tropical.

—¿Dónde está su ganado? —pregunté, sintiéndome un poco más inteligente con esta pregunta.

—Allí atrás —respondió, señalando con la mano una zona de pastoreo que estaba detrás de un pequeño bosque—, allí hay 550 cabezas de ganado.

De hecho, reconocí el mismo ganado de cebú Nelore del día anterior en las otras zonas de pastoreo. Todos blancos y fuertes con sus características gibas. Desde la distancia parecían figuras de juguete, había cientos de ellos.

—¿También hacen queso aquí? —continué mi conversación para que, tras la ronda de preguntas de calentamiento, pudiera por fin llegar a mis preguntas de fondo.

—No, este ganado no es para la leche. Sólo carne. Pero los vendo cuando son pequeños, de 2 a 3 años. Las vaquillas aportan hasta 500 dólares, pesan 500 kilos cada una. Inseminación con el mejor toro de Brasil, Musthak, que pesa 1.315 kilos. Tienes que verlo, una belleza absoluta. Él estaba en su elemento, yo no. Tuve que pensar en la imagen del calendario.

Así que no era la leche, sino la carne. De hecho, había decidido volverme vegetariano después del viaje. Tenía claro que no podría convertirme en vegetariano aquí, pero tampoco quería mantener conversaciones filosóficas profundas sobre la ganadería. Este ganado no me interesaba ni la mitad de lo que me interesaba la vida de las personas que aún vivían con y en el bosque, especialmente las que pertenecían a mi familia.

—¿Cuánto tiempo llevas viviendo aquí? —seguí preguntando a Joao con la esperanza de poder dirigir pronto la pregunta hacia mis temas.

—Sólo tres años y mira lo que ya hemos hecho. Pronto instalaremos un moderno matadero con refrigeración a medio camino entre San Cristóbal y Concepción, eso no lo has visto en tu vida, no existe en tu país. Bolivia ha firmado finalmente el contrato con China, pronto les venderemos 200.000 toneladas de carne. Que coman también comida sabrosa los chinos, así no tendrán que matar gatos y ranas.

Se rio a carcajadas como si hubiera hecho un chiste increíble y casi se atragantó con su tereré. Era muy simpático conmigo, pero ahora no me hacía tanta gracia su chiste. Intenté visualizar 200.000 toneladas de carne. Todo eso tenía que ser refrigerado, enviado en contenedores ¿Cuánto podía caber en un contenedor? La travesía debía durar varias semanas, por lo que tendría que ser transportada congelada al otro lado del mundo.

¿Qué clase de tontería ecológica era esa? ¿Económicamente, acaso podía costearse?, no me lo podía imaginar. Y con eso, Bolivia se convertía oficialmente en el patio trasero de China. Por eso la selva de aquí ya se parecía a esos peinados mohicanos de futbolistas modernos. Por un lado, árboles gigantes de la selva, luego un corte limpio y al lado aparecía una zona afeitada de 1mm, de modo que el pelo o mejor dicho el bosque sólo se podía ver adivinando.

—Y la gente de aquí, del bosque, ¿de qué vivirá entonces? ¿Chuparán palitos de soja?

—Y la gente de aquí, del bosque, ¿de qué vivirá entonces? ¿Chuparán palitos de soja?

—Casi nadie vive aquí. Cuando la economía mejora,

todos se benefician. —Esa fue mi señal, por fin pude redirigir la charla.

—Para volver a lo que usted dijo, de esta poca gente que vivía aquí. Así que, como dije ayer, quiero ir a visitarlos a ellos, los de la comunidad de Cañada Larga. ¿Sabe cómo puedo llegar allí? ¿Está todavía lejos de aquí?

Joao volvió a reírse. Estos brasileños era gente realmente feliz. Tomó la canastita del toco, rebuscó un poco en ella y luego se metió en la boca el cuñapé más grande que encontró, tras lo cual me tendió también la canasta. Modestamente tomé también un pequeño cuñapé. Con la boca medio llena, respondió a mi pregunta.

—Ya estás ahí, ya llegaste.

CAPÍTULO IV

C asi me atraganté con mi cuñapé. ¿Qué quería decir Joao con que ya estaba ahí? Ya no entendía nada justo cuando creía que empezaba a entender. ¿Tenía que ser el mundo tan complicado? Apresuradamente, tomé un gran trago de tereré para lavar el nudo de mi garganta. No funcionó, supongo que no era el bolo de masa de cuñapé sino otro que me tapaba la
garganta.

Joao me miró como si disfrutara especialmente de este momento. No quiero saber qué expresión facial habré teni- do yo, probablemente tendría un aspecto de un rinoceronte actuando en "Yo me llamo". No se me ocurría nada más que decir, sólo esperaba que se explicara por sí mismo.

—Puedes quedarte aquí unos días si quieres, puedes ayudarme con el ganado. ¿O qué tienes en mente?

Todavía no pude decir nada. Si esto era Cañada Larga, ¿dónde estaban los Arawak? ¿Dónde estaban mis parientes? ¿Seguían vivos? ¿Se habían trasladado a otra parte del bosque o a las ciudades? De repente, sentía miedo por mi familia, aunque apenas los conocía. Un pueblo indígena como el Arawak no podía sobrevivir sin su bosque, era lo único que tenían y con ello lo tenían todo. No, eso no pudo ser cierto. Estaba seguro de que Joao no me estaba diciendo la verdad. Mi cerebro escupía dos posibles opciones tras el procesamiento de datos. O bien Joao era un buen tipo, le gustaba la compañía y simplemente no quería admitir que no sabía dónde estaba ubicado Cañada Larga. Así que por eso me llevó a su finca y me ofreció su hospitalidad para que a mi regreso contara con entusiasmo al mundo de mi viaje hermoso a Cañada Larga y Rancho Bello. Seguro que así se imaginaba a los gringos. Se les ocurría una idea loca, buscaban un poco de aventura, pero no tenían ni idea de lo que significaba ni de dónde estaban. Por eso era fácil tomarles el pelo. O, opción dos, Joao no era un buen tipo, tenía oscuros motivos ocultos o por alguna otra razón no quería decirme el lugar correcto. ¿Habría hecho algún mal a los Arawaks o habría estado involucrado en alguna acción sospechosa? ¿Qué hará conmigo? ¿Me abandonaría en algún lugar? Al fin y al cabo, ya se habría dado cuenta de que yo estaba bastante perdido aquí, solo. La tercera opción, mi cerebro no la pudo procesar. La opción sería que, después de todo, tuviera razón y esto fuera Cañada Larga. No, no era posible.

Anduve un poco perdido por la casa, que estaba rodeada por una galería y protegida por un techo de tejas. Había una entrada principal que conducía a una amplia sala de estar y a tres dormitorios, todos ellos algo escasamente amueblados. El arreo para los caballos colgaba entre los sencillos marcos metálicos de las camas, con un imponente cuadro de un amanecer cursi encaramado en lo alto, que brillaba sobre una estera hecha de palmera. En la salida trasera, se apilaban ollas y sartenes manchadas de negro junto a una cocina abierta a leña ardiente. En un lugar algo más resguardado, también había una cocina a gas con dos hornillas y una manguera verde serpenteaba hacia atrás, dejando al descubierto una garrafa de gas naranja.

De repente me acordé de mi teléfono móvil, quizás se había cargado un poco mientras tanto. Lo liberé de su cable de carga, con un 25 %, eso fue suficiente por ahora. Abrí en Google Maps los mapas que había descargado antes, y activé el GPS de mi móvil. Tras una larga búsqueda, vi el punto azul en medio de la nada. Por supuesto, los caminos no eran reconocibles en esa parte.

Ahora tenía que transferir las coordenadas del

municipio, que había guardado desde mi Archie como una captura de pantalla, a Google Maps.

Busqué pistas, reduje el mapa hasta encontrar las mismas referencias guardadas anteriormente. San Cristóbal, Concepción, más al sur sólo se divisaba San Javier y al norte nada, no había otros lugares marcados. Dejé que estos dos mapas se superpusieran con más o menos la misma escala y me quedé mirando la pantalla.

Joao entró y me preguntó si le ayudaría a vacunar el ganado. "Sí, sí", respondí, completamente en trance. Una vez más, miré las dos imágenes de satélite, la ubicación en el GPS de mi teléfono móvil y la imagen de Archie guardada anteriormente. El GPS me mostraba una precisión de 20 m. Fue increíble. Joao no había mentido, según el mapa esto era realmente Cañada Larga.

Pensé que la vacunación y desparasitación del ganado sería una excelente manera de hacerle algunas preguntas más a Joao. Condujimos su camioneta Hilux hasta el siguiente cerco, lo abrimos y giramos a la izquierda, cruzando los campos hasta llegar a una pequeña cabaña. De la cabaña salieron tres hombres que se acomodaron en la parte trasera de nuestra camioneta. Cómo les habría indicado el lugar, la hora de encuentro y lo que haríamos, no lo sé. Tal vez las señales de humo funcionaron ahí. Seguimos conduciendo durante aproximadamente dos kilómetros a través de los campos, por medio de baches, y luego bajamos en una hondonada hasta que llegamos a una pequeña laguna. Era un atajado rectangular excavado artificialmente, el bebedero de las vacas, donde retozaba el ganado. Ahí nos bajamos y vi una pequeña construcción de madera y estacas que despejaban un pequeño camino de aproximadamente un metro de ancho. Nos bajamos de la camioneta y Joao, junto con los tres hombres, se puso inmediatamente a trabajar en preparar los utensilios. Jeringuillas, suero, un cubo lleno de agua, guantes, y más allá un hombre ya estaba arreando a los animales hacia el pasillo donde se les podía controlar mejor. Ahí era donde debía estar yo, me mostraron un lugar a la salida de la construcción de madera donde debía ayudar a sujetar el ganado mientras Joao lo vacunaba.

—La fiebre aftosa se está extendiendo por aquí —me explicó uno de los hombres sin que le preguntara.

La cosa se descontroló un poco, no fue tan fácil meter el ganado porque protestaba con fuerza. No era un ambiente para una conversación acogedora, qué macana. Mientras tanto, el sol ya estaba desplegando toda su fuerza cuando finalmente terminamos. El hambre y la sed nos afligían y nos dirigimos de nuevo a la casa. Olía maravillosamente a carne cocida, detrás de la vivienda también descubrí a una enorme presa encima de una vieja parrilla. Al lado, dos ollas de tamaño medio cocinaban a fuego de leña. Dos mujeres hablaban animadamente y removían constantemente el arroz y la yuca de las ollas. Yo recordaba vagamente la cocina dentro de la casa, era una habitación de tamaño medio con una estufa con hornillas a gas. Había echado un vistazo cuando buscaba el baño. Entonces, ¿por qué estaban cocinando en fuego de leña afuera de la casa? ¿Y las mujeres eran quizás las esposas de los hombres que habían vacunado ese día al ganado? De todos modos, me hizo feliz ver por fin a mujeres, por lo que la vida parecía un poco más normal, más fiable, volvía a encajar en mi visión del mundo. Mientras que en Alemania la gente pensaba que se habían deshecho de los antiguos estereotipos de la mujer, aunque de eso se podía debatir, aquí las mujeres seguían perteneciendo claramente al hogar o al fuego de leña.

¿O simplemente las facetas de discriminación no eran tan visibles en Alemania? Sin embargo, las mujeres allí parecían satisfechas y yo, ciertamente, tenía mucha hambre.

De hecho, conseguí comerme toda la solapa de carne, que sobresalía por delante y por detrás de mi plato y que tenía como mínimo la forma y el tamaño de una suela de zapato del número 42. Todo eso estaba acompañado por arroz con queso y frejoles con una especie de harina de yuca frita espolvoreada por encima, la *farofa*. Fantástico. Si hubiera estado en la casa de un amigo el fin de semana, ahora mismo hubiéramos estado sentados frente al televisor viendo un partido de fútbol, medio dormidos, digiriendo la carne, pensé. A la hora de la comida, con un calor de 40 grados, cualquier actividad estaba totalmente descartada.

Joao se acostó en su hamaca. Los hombres habían desaparecido, seguramente se habían retirado a su casa. Me senté junto a Joao en una perezosa de madera y comencé el segundo interrogatorio. No quería que se durmiera antes de poder hacerle mis preguntas cruciales. Evidentemente, él mismo no estaba muy interesado en saber por qué estaba yo aquí o cuánto tiempo me iba a quedar.

—Joao, me dijiste que esto era Cañada Larga. ¿Dónde está la gente que vivía aquí, los indígenas? —pregunté directamente.

—No lo sé —dijo, luego giró la cabeza hacia mí y añadió—, ya no están aquí, como puedes ver, además, esta es mi tierra ahora.

—¿Los has conocido? Deben haber estado aquí cuando compraste la tierra. Hace tres años eso fue, ¿no? —Recordé la escasa información del día anterior.

—Sólo conocí al cacique. Me ofreció su tierra, la compré, la trabajé y ahora ya tenemos nuestra producción ganadera. Así de simple. ¿Por qué te interesa todo esto?

—Me gustaría hablar con ellos, en realidad he venido aquí por ellos, los Arawak.

—Se llamen como se llamen, tantos nombres y pueblos, como si cada familia tuviera una ascendencia diferente, eso es lo que nos han querido vender en Brasil también. La FUNAI, junto con todos los ecologistas románticos, quería prohibirlo todo. No se tala aquí porque vive fulano de tal, no se tala allí porque es la tierra de fulano de tal. Una familia tenía un pedazo de bosque más grande que el hombre más rico, sólo para ellos, ni siquiera lo plantaban, no exportaban, no trabajaban, tal vez ni siquiera pensaban, ¿cómo se supone que un país podía progresar así? Pues ahora con Bolsonaro la cosa pinta mejor. Así que estás buscando a estos... ¿cómo se llaman? No sé dónde están, aquí no.

Se volvió hacia un lado y cerró los ojos. También me invadió una pesadez, una combinación de hinchazón de estómago mezclada con preocupación, frustración y miedo. ¿Qué había pasado con los antepasados de mi familia? ¿Por qué el cacique vendería su propia tierra para que un brasileño la deforeste? ¿De qué vivían entonces? ¿Y dónde diablos estaban ahora?

Entré en la casa y me acosté en mi colchón, quería estar solo. Me dormí rápidamente, inquieto, perseguido por un sueño salvaje en el que tenía un maní en la mano y lo estaba pelando. Cuando estaba a punto de comerlo, creció, se hizo más y más grande, le salieron ojos, dos ojos brillantes de depredador, amarillos y peligrosos. Me desperté de golpe. Estaba demasiado alterado para seguir durmiendo. La historia de ese entonces, la muerte de mi abuelo, ese segundo relato, lo increíble, volvió a estar presente, volvió a ser real. Tenía que encontrar a mi familia, pero ¿cómo? ¿Tal vez no estaban lejos de aquí? ¿Pero, en qué dirección debería buscarlos? ¿A pie, sólo a través de la selva? No. Tampoco construirían su nuevo pueblo al lado del ganadero, ¿o sí? Cerré los ojos y esperé un instinto, una intuición, ¿cómo podría seguir mi búsqueda?

Cuando desperté de mi sueño, Joao ya se había ido a alguna parte, no lo podía encontrar. Caminé por la casa y no vi a nadie, incluso nuestras dos cocineras ya no estaban allí. Miré al cielo e imaginé que el sol ya no era tan fuerte. Un vistazo a mi teléfono móvil me dijo que ya eran las cuatro de la tarde. Me levanté y empecé a correr, sin más, sobre la colina por encima del cerco.

Sin un plan, corrí de vuelta hacia el atajado donde las

vacas aún pastaban. Al menos correr me daba la sensación de estar haciendo algo con mi frustración. Pero esta vez veía otras vacas, vacas marrones junto al ganado blanco Nelore. Unas 10 vacas pardas pastaban junto a la laguna, disfrutando de agua fresca y hierba húmeda. Al fondo, un hombre estaba sentado en un tronco caído en el único lugar con sombra junto al lago.

Eso era necesario porque el sol seguía quemando como si quisiera atravesar nuestra piel. ¿Por qué no habían dejado ningún otro árbol alrededor de la laguna? El agua se evaporaría demasiado rápido aquí.

Miré al hombre, llevaba un sombrero de saó, una antigua camiseta blanca, pantalones largos de tela azul, parecía muy amable. Miraba al agua, pero daba la impresión de que mirase a través del agua hacia otro mundo. Decidí unirme a él. Con cuidado, me acerqué al lugar sombreado y encontré un tocón de árbol a unos dos metros de distancia. Me senté tranquilamente y sonreí al hombre por un momento. Me hubiera gustado mirar a través de sus ojos para ver lo que veía. Disfrutamos de un silencio compartido que decía muchas cosas.

—El jichi del agua está alterado —decía el hombre, hablaba más al agua que a mí. Quedé esperando la continuación—. El arroyo ya no fluye, los sauces ya no reverdecen, todo se secará. Tenemos que volver a apaciguar al jichi —continuó y con un rápido movimiento, ahuyentó algunas moscas que se estaban dando un festín con su sudor.

—¿Qué ha pasado? —pregunté.

—Desde que Joao compró la tierra, nuestro arroyo ya no fluye. Joao no habla con los ancestros. Él cortó los árboles sin pedir permiso al *Jichi* del bosque ni del agua, domesticó el agua y ahora es malo, el *Jichi*, no quiere darnos más agua —continuó el hombre.

No sonó como una acusación, más bien como una declaración. Lo decía como algo que había visto venir hace tiempo. El sabio tenía profundas arrugas en la cara, la piel curtida y me sorprendía que casi no tuviera pelo en el cuerpo, ni en el pecho, ni en las piernas, incluso su barba era como la de un niño de 14 años, y sin embargo debía tener ya unos 50 años. ¿O incluso 60?

—¿Por eso estás aquí? ¿Porque no tienes agua en tu tierra?

—Las vacas quieren tomar.

—¿Y Joao deja que tus vacas tomen de su agua? Por suerte todavía tiene agua en este atajado.

—No, Joao permite que nuestras vacas beban de nuestra agua. La tierra nos pertenecía. El agua es de todos. Él la embalsó y ahora no hay agua que fluya en nuestra zona. A cambio de trabajar para Joao, nuestras vacas pueden tomar y pastar aquí. Pronto tampoco habrá más de esta agua, el *Jichi* se enojó.

CAPÍTULO V

Me atravesaron las palabras como un rayo, "la tierra era nuestra". Solía ser su tierra, Joao se la había comprado. Mi camino se extendió ante mí, así que sí existieron, esos maravillosos encuentros.

—*Nupheri* —dije, mirando al hombre directamente a los ojos. Me miró con asombro. Un momento después sonrió.

—Hermano —dijo asintiendo—, "hermano mayor".

Baiheri, hermanito.

La lengua Arawak estaba casi extinta. Yo sabía esa úni- ca palabra que mi padre me había enseñado hace tiempo. Él mismo tampoco hablaba Arawak, al menos no más de unas palabras sueltas.

—Me llamo Ayo —continué—, mi abuelo es Arawak, es decir, era Arawak —corregí rápidamente.
El hombre asintió aún más.
—Ayo, el susurrador de animales, así que eres tú.

Supongo que mi nombre tenía mucho significado para él, aunque no parecía que conociera a mi familia.
—Bernardo —respondió.
—¿Dónde vives ahora, Bernardo?

—Allí —dijo, señalando en la distancia donde se vislumbraba un bosque detrás de una colina. Si me orientaba correctamente, era la dirección opuesta a la casa de Joao, más al norte—. ¿Ves el bosque? Hay un camino de taitetús. Tienes que recorrerlo durante mucho tiempo, pero cuando llegas al gran hormiguero, te pasaste.
—¿Cuándo vas a volver a tu comunidad?

—Tengo que pastear las vacas aquí durante una semana, luego vendrá William.

—¿Una semana? Eso es mucho tiempo. ¿Cómo lo haces? ¿Dónde duermes? Tienes familia, ¿qué hacen sin ti durante tanto tiempo?

—Mi mujer tiene que hacer todo sola. Las mujeres se ayudan entre sí, los hombres también nos ayudamos. Todo el mundo tiene su turno, hasta que empiece la temporada de lluvias, no tardará mucho.

—¿Y cuándo viene William?

—Quizás mañana, quizás no.

Tendría que ir con él cuando se vaya de aquí, esta era mi oportunidad. Sentía que era demasiado atrevido preguntarle directamente si aceptaba que lo acompañe. Al fin y al cabo, no era una excursión turística. No, era simplemente absurdo, todo deberá sonar increíblemente absurdo para él. Un hombre blanco, un gringo, sale corriendo de la nada, habla una palabra de su idioma, le hace preguntas y luego quiere ir con él a su pueblo. Decidí esperar el momento adecuado y volver a visitarlo al día siguiente.

Ya estaba oscureciendo, y oscureció rápidamente, sí, siempre oscurecía rápidamente aquí. En cuanto se daba uno cuenta, ya estaba oscuro. Me limité a decir un rápido *Nupheri* y me despedí con una sonrisa, la mejor herramienta de comunicación del mundo. Me levanté y volví a caminar hacia la casa. Mi mente zumbaba tan salvajemente como las moscas que la rodeaban. Sí, ya había aprendido que el amanecer y el atardecer eran el tiempo de fiesta de los mosquitos.

Yo había preguntado tanto y había obtenido tan pocas respuestas y él había preguntado tan poco y parecía tener todas las respuestas. ¿Cuándo iba a llegar su remplazo ahora, un tal William? ¿Qué clase de nombre era ese, William, acaso era un Arawak? ¿Dónde dormía Bernardo, qué comía? Tampoco sabía cómo encontrar el camino a su casa. ¿Qué aspecto tenía un sendero de taitetús? ¿Qué tipo de animal era un taitetú? ¿Y acaso Bernardo vivía en el pueblo Arawak? ¿Seguía habiendo un pueblo o sólo familias aisladas? Y si los encontraba, ¿quedaba alguien de mi familia, alguien que hubiera conocido a mi abuelo?

Volví a correr por la colina y me alegré una vez más de no haber heredado el sentido de la orientación de mi hermana Nele, que seguiría corriendo en círculos alrededor de la laguna hasta pasado mañana. Pronto llegué a la cima de la colina y vi la casa en la distancia. Había una pequeña luz en la veranda, el resto estaba oscuro.

No entendí todo eso. Así que los Arawak le habían vendido parte de su tierra a Joao para que la talara y criara ganado. Luego embalsó el agua y ahora estaban trabajando para él para tener acceso a su propia agua. Eso no tenía sentido. Me preguntaba si habrían vendido su tierra voluntariamente. Si era así, ¿por qué lo habrían hecho? Y si no, ¿qué había pasado? ¿Quién les había obligado a hacerlo? ¿Se habían arrepentido? Un claxon me hizo asustar tanto que tuve que inclinarme hacia adelante sobre mis rodillas por un momento para no caerme. Fue como despertarse de un sueño profundo.

Cuando me di la vuelta, vi al mismo equipo de esta mañana: Joao al volante y los tres hombres en la parte trasera de la camioneta. Esta vez las mujeres también formaban parte de la carga y más tarde yo también.

Poco después nos sentamos alrededor de un churrasco, volvimos a comer carne vacuna (¿qué más?). Joao y los hombres se rieron, se creó una onda alegre y contagiosa. La música de samba de la consola también era contagiosa, con los tres paneles solares Joao ya podía generar bastante electricidad. Pronto todos nos reíamos, el zumbido de mi cabeza había sido sustituido por un chirrido melódico de samba que todavía me acompañaba en la cama horas después.

A la mañana siguiente me levanté, justo después del sol. Vi un racimo de plátanos colgados en la veranda y decidí llevarle algunos a Bernardo. Después de todo, necesitaba una excusa para volver a visitarlo. Caminé rápidamente por la colina y esta vez cubrí la distancia en al menos la mitad de tiempo que el día anterior. Ya podía ver la laguna, hoy no estaban las vacas blancas, pero sí las marrones.

Me acerqué al atajado y las vacas se hicieron cada vez más pequeñas, como el gigante ilusorio Turtur en el cuento de Jim Knopf, del autor alemán Michael Ende. A estas alturas tenían el tamaño de un perro pastor adulto, demasiado pequeño para el ganado amazónico, pero tampoco tenían cola. Parecían conejillos de indias gigantes. Nunca había visto roedores tan grandes, ni siquiera en el zoo. Algunos nadaban en el lago, otros estaban echados en la orilla. Me senté en la hierba y los observé durante un rato, pero mis ojos seguían vagando, buscando a Bernardo. No había vacas, no había Bernardo, pero tampoco había ningún tal William, ni Nelores, sólo roedores gigantes. Bernardo ya no estaba allí, qué macana. Había perdido mi oportunidad. Él ya había vuelto. Era que le dijera que me quería ir con él. ¿Me habría llevado con él? No, no lo habría hecho. ¿Por qué habría de haberlo hecho? ¿Qué podían esperar de los gringos? ¿Que les compraran la tierra, al igual que los brasileños, y luego la venderían? Pero mi abuelo se había casado con una mujer blanca, mi abuela, una alemana. Me pregunto qué tipo de impresión había dejado. Se había trasladado a Alemania con mi padre porque en algún momento encontró la vida en la selva demasiado dura, eso me decía siempre. Me pregunté qué habrán pensado de ella. Parió un hijo con un Arawak y luego se lo llevó a Alemania. ¿O todo había sido muy diferente? Quizá lo descubriría como resultado de mi búsqueda. Y estaba convencido de descubrir muchas más cosas, pero sobre todo lo de mi abuelo y el jaguar.

Me senté en la hierba y mordí un tallo. Estaba enojado conmigo mismo. Por primera vez en este viaje mi pequeño optimista no se impuso. Una oleada de tristeza, rabia y frustración me inundó y empapó mi alma de atonía. En ese momento había estado tan cerca después de todo. Ya no sabía qué hacer conmigo mismo. Me sentía como un fracasado absoluto. Me había fallado a mí mismo. No podía estar a la altura de mis propias expectativas. No podía perseguir ese único sueño. No podía empezar mi búsqueda.

Apoyé la cabeza en mis rodillas flexionadas y observé las huellas de un caminar por el suelo. Había al menos tres especies diferentes de hormigas, además de torpes escarabajos que correteaban por los senderos abiertos por ellas, un grillo que intentaba contonearse como un mono de una brizna de hierba a otra sin tocar el suelo. Cerré los ojos, quizás desean- do otra imagen, no lo sabía. En realidad, sí lo sabía. Deseaba un abrazo, deseaba que mi madre viniera detrás de mí y me diera un gran abrazo.

Miré los guineos que había en el suelo a mi lado y vi que ya estaban comidos por los insectos. Bueno, al menos alguien estaba disfrutando de los guineos. Más adelante, vi el agujero de las hormigas sepes. Llevaban hojas en forma de luna menguante a su agujero en perfecta formación y salían sin carga por el carril de la izquierda. Dejaron una pequeña hilera en la hierba de unos dos centímetros de ancho y, obviamente, no tuvieron problemas para encontrar su propósito. No parecían preocupadas, no se inquietaban por el motivo de su presencia en el mundo. La vida podía ser así de sencilla. Me pregunté si las hormigas estaban contentas. Pasaban directamente por debajo de mi pierna, formé un pequeño túnel y me puse a jugar con la sombra que estaba proyectando. Recordé el sendero que Bernardo había señalado el día anterior. Me levanté como si estuviera manejado a control remoto y caminé hacia la parte del bosque que había memorizado. Me detuve frente al cerco y miré a través de él hacia el bosque. No pude ver un solo camino, ni un lugar adecuado para arrastrarse a través del alambre sin arañarse. Los árboles me parecieron gigantescos y todo mi coraje desapareció de nuevo.

Sólo vi densos arbustos en el suelo, entre enormes troncos que se extendían hacia el cielo como si quisieran desplazar a las nubes. Enormes cantidades de lianas de todos los tamaños colgaban de las ramas, como si hubieran sido colgadas para que los monos hicieran gimnasia. Sólo que no vi ningún mono. Si entrara aquí, no llegaría lejos y me perdería inmediatamente, me dije. Imposible.

Caminé a lo largo del cerco y busqué caminos alternativos. El camino del que me había hablado Bernardo tenía que ser visible, ese sendero de taitetú. Traté de escuchar, pero aparte de los grillos y mis propios pensamientos salvajes, no pude oír nada.

Intenté imaginar a ese *jichi*. ¿Qué aspecto tenía, o cómo se lo imaginaban los Arawak? ¿Como un poderoso dios castigador con barba blanca? ¿O más bien un querido gnomo?

¿O sólo una voz de la nada? Otros hablaban de una enorme serpiente. En cualquier caso, protegía mejor su bosque que el agua, era casi imposible penetrarlo.

Tras una larga búsqueda, me di por vencido. Di la vuel- ta, caminé un rato en línea recta y salí justo al lado de las ca- sas de los hombres que habían ayudado a Joao a vacunar a sus vacas. Vi que las mismas mujeres que habían hecho delicias culinarias para Joao estaban sentadas una al lado de la otra en el suelo detrás de la casa, en el patio, pelando frejoles. Lo único que faltaba para la foto perfecta eran los niños en el centro. Traté de recordar sus nombres, en algún momento durante la parrillada los habían mencionado. Me decidí por un genérico "buenas tardes" y caminé hacia ellas. Se rieron, ciertamente, no era habitual recibir visitas masculinas extrañas.

—¿Qué busca, joven? —me preguntaron. Estaba bus- cando muchas cosas, por ejemplo, mi yo, pero en ese momento decidí dar una respuesta directa.
—Estoy buscando a Bernardo, ¿lo han visto?

—¿Te refieres a Jorge?

—No, ¿quién es Jorge?

—Mi marido. ¿O te refieres a Froilán? ¿Su marido de ella? Seguro que la buscas a ella, Juanita, porque es muy bonita, ¿no? —dijo señalando a su compañera cocinera y acompañante y soltó una risita.

—No, me refiero al hombre que estaba ayer por la laguna con sus vacas, el Arawak.

—Oh, ¿el indígena? Probablemente esté pastando sus vacas.

Allí atrás —señaló en una dirección indeterminada. Según el movimiento de su mano, dicho lugar podría ocupar toda la zona entre el atajado y sus casas.

—¿A qué distancia está eso?

—No está lejos, justo ahí. —De nuevo hizo su movimiento de barrido en el aire, del que era realmente difícil leer una dirección. Y ya había tenido alguna experiencia con la dirección "no muy lejos".

—¿Dónde está eso exactamente? —Seguí insistiendo, indeciso sobre cómo formular mi pregunta para obtener una respuesta que pudiera servirme.

—Puedes tomar prestado el caballo de Froilán, ese de color café. Todavía está ensillado.

Sólo había montado a caballo tres veces en mi vida. De pequeño en un poni de circo, de niño con un amigo en un establo y una vez en la región Camargue durante unas vacaciones en Francia. Incluso pude galopar una vez allí duran- te un corto tiempo, pero tenía un caballo maravillosamente entrenado y un colega francés con destreza a mi lado en ese momento. Si se comparara la equitación con los cursos de idiomas, diría que mi nivel era A1.

Pero ya mi impulso me llamaba de nuevo, mi amígdala había cobrado vida. Incluso hablaba conmigo en mi cerebro. *Por supuesto que vas a tomar el caballo, quieres aventura, puedes hacerlo, es genial, no te va a pasar nada. No perderás esta oportunidad y cómo quedarías como hombre frente a las mujeres si dijeras que no puedes montar.* Pude sentir literalmente mis moléculas de serotonina proclamando felicidad y dije libremente "sí, genial, muchas gracias, lo traeré más tarde". Al menos eso era lo que esperaba.

Llevé el caballo un poco más lejos de la casa para que las dos señoras no pudieran verme subir. Eso sólo habría contribuido a una gran diversión para ellas. Recordaba vagamente que sólo se montaba al caballo por el lado izquierdo, ¿o era por el derecho? Lo intenté con la izquierda. Con un tirón de las riendas, me levanté y me senté temblorosamente.

El caballo pastaba como si no le importaran en absoluto los trucos que yo realizaba sobre su lomo. Así que quedé sentado, muy bien. Y el caballo pastando. ¿Dónde estaba el acelerador ahora? Intenté un tranquilo "arre, arre" y una cuidadosa patada de talón. Nada. Me incliné hacia adelante y giré las riendas. Nada. Di otra patada de talón con ambos pies. Nada. Ahora, si eso fuese una movilidad, uno empujaría desde el exterior, luego pondría la marcha y dejaría que el motor rugiera. ¿Debería desmontar, conducir el caballo con las riendas y luego saltar? No, no era ningún vaquero. Oí pa- sos y sólo vi a Juanita romper una ramita y golpear al caballo en su trasero. Y salimos volando. Me esforcé por sujetar el sillín improvisado y nos fuimos a algún lugar. ¿Hacia dónde debía dirigir el caballo? Decidí probar primero la laguna y desde allí explorar las praderas más allá.

Después de un rato de agitación como en una batidora, el caballo me llevó a donde él mismo quería ir, al prado donde su dueño estaba reparando unos postes del cerco. Asombrado, Froilán me miró.

—Pizarro está conquistando de nuevo —dijo, riendo—. ¿Prefieres caminar, gringuito? —me preguntó y no pude saber si se reía de mí o simplemente le hacía gracia la situación—. Ven aquí, Pizarro —se acercó a su caballo, me desmonté y con eso se acabó la cabalgata.

—¿Dónde está Bernardo? —pregunté directamente, ya

no tenía paciencia para más palabras. Froilán no sabía qué hacer con mi pregunta—. ¿Has visto al indígena? —pregunté, después de todo, Juanita lo había llamado así, así que tal vez podría obtener una respuesta.

—Oh, él, sí, debe haber vuelto a su pueblo de Comemono o tal vez todavía está aquí. —Me encantaban las declaraciones claras.

—¿Dónde puedo buscarlo? —pregunté, además.

—No se le puede encontrar, sólo se le puede encontrar si él quiere ser encontrado —respondió Froilán.

—Entonces, me sentaré junto al atajado y dejaré que me encuentre.

Con estas palabras, atravesé el prado e hice un esfuerzo por poner mi cuerpo en "estado de búsqueda". Al igual que hay personas a las que siempre pasas por alto, aunque estén sentadas justo enfrente de ti comiendo queso apestoso, debe ser posible, por otro lado, transmitir un estado de presencia a otras personas, como lo hace un actor en el escenario. Sin embargo, la premisa seguía siendo que Bernardo "quería" encontrarme. Pero, ¿por qué habría de hacerlo? ¿Seguía aquí, o en realidad ya había vuelto a su comunidad o a lo que él llamaba su pueblo? ¿El tal William habría llegado? En cualquier caso, preguntar y buscar no me llevaba a ninguna parte.

Me levanté y corrí hacia la casa; empaqué mi mochila; escribí una nota para Joao: "Gracias por todo, estoy buscando a los Comemonos", y me dirigí hacia la laguna de nuevo, por debajo los tajibos, sobre la colina, pero en lugar de bajar al agua, seguí corriendo hacia el bosque. Utilizando ramas, aparté los alambres de púa y me colé por el estrecho espacio hasta el otro lado. No había ningún camino a la vista, pero intenté abrirme paso entre la maleza. Ni siquiera tenía un machete conmigo, lección de supervivencia en la selva número uno. Las ramas me cortaron la cara, tal vez mi cuello estaba sangrando, pero todo se sentía húmedo, el sudor, las hojas, las flores, la tierra. Caían gotas desde arriba, desde el lado. Todo me picaba. Estaba tan preocupado por mí mismo que ni siquiera oí el constante canto de los grillos o el crujido de las ramas podridas en el suelo.

Sentí que la rabia y la frustración contenidas se convertían en fuerza. Fuerza para seguir corriendo. Fuerza para soportar el dolor que los arbustos perpetuaban en forma de líneas abstractas en mi piel. Sentí la necesidad de desafiar los límites de mi cuerpo, de dejar de ver el horizonte de la búsqueda desesperada. Quería usar toda mi fuerza física para redirigir mis pensamientos hacia las necesidades básicas: el dolor, el agotamiento, el hambre.

Era joven y atlético. Pasaría mucho tiempo antes de que mi hambre por el sentido de vida e identidad fuera vencida por el hambre puramente carnal.

Me tropecé como en trance y de repente todo se volvió negro. Para ser preciso todo se volvió color negro-marrón. Mis ojos se clavaron en la tierra fangosa, mi frente palpitaba, debí chocar con alguna raíz. Me miré a mí mismo. Parecía una salchicha roja de la parrilla. Completamente marrón rojizo con rayas oscuras irregulares en el cuerpo. Debo haber resbalado. ¿Qué me había hecho resbalar? Después de todo era la estación seca y la tierra no estaba resbaladiza. Con cuidado, me levanté y miré mi zapato izquierdo de trekking. Luego miré al lugar donde me había resbalado, se notaba algo de barro con una marca de deslizamiento. Había patinado sobre un estiércol de vaca.

CAPÍTULO VI

U n estiércol de vaca? Mis vagos recuerdos de la fauna amazónica no revelaban ningún descubrimiento de ga- nado salvaje. Por aquí debieron andar vacas criadas, las vacas de los Arawak. Entonces estaba en el camino correcto, ¿no? Pero no vi ningún camino. Estaba sentado en medio de una densa maleza rodeado de imponentes árboles y gruesas raíces de varios metros de altura. Una de estas raíces sólo me ofrecía un escaso asiento y era sin duda la responsable de los latidos de mi sien. Miré a mi alrededor, pero tampoco pude encontrar un rastro. Tal vez debería buscar la bosta, así podría localizar el camino. Examiné mi entorno y no encontré más excremento, pero sí ramas rotas. Traté de discernir una dirección en las torceduras. Las huellas de pies o pezuñas también me ayudarían, pero sólo encontré las mías. Me concentré en mi entorno. Al fin y al cabo, casi me había fusionado con el monte. Decidí tomar una dirección que llevaba a lo más pro- fundo del bosque, frente a mis huellas, y donde me pareció ver un poco más de ramas rotas que en la dirección opuesta. Era realmente tedioso avanzar, como si la naturaleza hubiera puesto todo lo imaginable en el camino para evitar que la gente entrara. Y, sin embargo, seguíamos entrometiéndonos en el corazón de la naturaleza, como lo estaba haciendo yo ahora, aunque en este caso imaginaba que tenía una noble razón para hacerlo. ¿Estaba ya oscureciendo o sólo lo parecía porque la exuberante naturaleza me daba una sombra eterna? Después de la maniobra sobre la bosta, no quité los ojos del suelo. Examiné las raíces, las hierbas, las hojas y vi una multitud de hormigas sepes que estaban corriendo afanosamente por el suelo como si tuvieran que hacer sus compras navideñas a toda prisa.

Efectivamente, estaba oscureciendo y, tras la breve experiencia de los días anteriores, sabía que este espectáculo no duraría más que el tiempo que se tarda uno en comer una empanada. La combinación de los términos: *selva, solo, oscuridad y perdido*, hizo que inmediatamente aparecieran en mi buscador las ideas de *arañas venenosas, serpientes, enfermedad, morir de hambre, morir de sed, depredadores, jaguar.* El encuentro con un jaguar era algo que deseaba, especialmente con EL jaguar, pero no era como lo había imaginado. Mi cuerpo cambió al modo primitivo. Ataque o fuga. Entonces optó por la estrategia del escarabajo pelotero. La rigidez del miedo. Mis padres dirían *Ayo, podrías haberlo sabido antes.* Y habrían tenido razón una vez más.

Al cabo de un rato, me liberé de la rigidez y seguí caminando. Esperaba que mis pensamientos me acompañaran y corrieran conmigo. ¿Qué distancia había que recorrer para volver a la granja, donde Joao? ¿Encontraría el camino de vuelta? O debería seguir corriendo, pero ¿hacia dónde? En secreto, deseaba que un Arawak me encontrara y me llevara a su pueblo. Hasta aquí la fantasía. Me di la vuelta e intenté volver por donde había venido. ¿Había pasado antes por ese tronco espinoso? ¿Y por esta flor púrpura? No reconocía nada y, sin embargo, estaba convencido de haber tomado el camino correcto.

Imaginé que podía distinguir luces, caminé más hacia esa dirección y reconocí una maravillosa danza de innumerables luciérnagas. ¡Qué maravilloso espectáculo! De niña, mi hermana siempre había estado firmemente convencida de que eran pequeñas hadas que bailaban por la noche. Me preguntaba si todavía pensaba eso. Me hubiera gustado que el mundo fuera como en los cuentos de hadas, con hadas y magia, y, por supuesto, que todas las historias tuvieran un final feliz. Completamente absorto en el espectáculo de luces, escuché un "hola".

Me sentí atrapado en mi mundo de fantasía. ¿Había inhalado aromas alucinógenos? ¿O mi cerebro me estaba ju- gando una mala pasada? Pero no llevaba tanto tiempo en ca- mino como para haber llegado ya a los límites de mi cuerpo. Oí pasos detrás de mí y me di la vuelta.

—¡¿Bernardo?! —grité en voz alta sin querer.

Se quedó allí, me sonrió y me dijo:

—¿Qué haces aquí? Ven conmigo.

Quería hacer muchas preguntas, pero mis pocas semanas aquí me habían enseñado que encontraría más respuestas sin preguntas, así que no pregunté nada. Sólo mi cabeza zumbaba con preguntas. ¿Por qué había aparecido Bernardo aquí, a dónde íbamos ahora, dónde estábamos de todos modos, y por qué sonreía a pesar de que estábamos en una situación desesperada? Si alguien en Alemania me hubiera encontrado solo en la oscuridad, ensuciado de marrón rojizo, en el bosque, ese alguien habría corrido inmediatamente hacia mí, completamente consternado, preparado para la mayor catástrofe que pudiera suponerse, habría sacado su teléfono móvil y habría preguntado a quién debía llamar para salvarme. Y ni siquiera había animales o plantas realmente peligrosos en el bosque alemán.

Este alguien de aquí, Bernardo, se paseó delante de mí de forma relajada, como si hubiéramos quedado para tomar una copa entre hombres y me llevara ahora a su bar favorito. Le dejé hacerlo. Me concentré en mis pies, porque ya estaba tan oscuro que casi me tropezaba. Después de lo que me parecieron como unas tres cuadras, giró a la izquierda, volvió a la derecha y ahora pude distinguir algo parecido a un sendero. Con un corto golpe de machete, cortó un trozo de liana en el aire y me lo entregó para que tomara su agua.

—Debes tener sed —dijo, y siguió caminando.

Sí, tenía sed, mucha sed. Y esa era mi bebida perfecta ahora. Dejé que las gotas de agua entraran lentamente a mi boca, con un sabor maravillosamente fresco y amaderado.

Tras sólo 15 minutos de marcha, el sendero se convirtió en un camino ancho y se vieron dos casas. Eran simples construcciones de madera y bambú con techos de palmera. En la parte trasera de las casas se divisaba una zona de estar, luego más adelante las paredes de bambú desaparecían y todo se abría a una especie de canchón cubierto. Vi una hamaca extendida desde el poste de madera hasta el puntal del techo que se balanceaba con placer. Un solo foco de luz nos miraba a través de una botella de plástico de soda desprendida del techo de jatata, iluminando a dos mujeres sentadas en el suelo sobre una estera tejida, haciendo algún tipo de trabajo manual que no pude distinguir.

—¿Qué buscas? Podrías haber venido conmigo ayer —comentó Bernardo. Me sentí bastante estúpido.

—Estoy buscando a mi abuelo —respondí con sinceridad.

—¿En el bosque? —Obviamente no me tomó en serio, aunque el día anterior había sentido que ya habíamos establecido una cierta conexión.

—Déjalo que coma primero, Bernardo —comentó una mujer, y luego corrió hacia una cocina literalmente abierta a unos cinco metros detrás de la casa. Consistía en un espacio de fuego de leña cubierto, con una pequeña mesa desvencijada al lado.

La señora agarró una papaya, la abrió longitudinalmente, tomó una cuchara y me tendió una mitad de la fruta.

—Ya está, siéntate —añadió y volvió a su trabajo—. Has demostrado una vez más tener buen oído, Bernardo, eres simplemente el mejor cazador del pueblo. Incluso a los gringos los puedes acechar.

La mujer resultó ser la esposa de Bernardo, María. Le calculé unos 50 años, tenía las piernas fuertes y una alegre sonrisa en la comisura de los labios. Un pequeño hoyuelo se formaba en su mejilla izquierda cuando sonreía. Si su mejilla fuera un paisaje, me la hubiera imaginado como un paisaje de mar caribeño.

Con una mirada picara, miró a su marido y volvió a sentarse en la estera. Mientras comía mi papaya, vi fardos blancos que colgaban de los árboles detrás de las mujeres, sobresaliendo del frondoso verde como gigantescas flores de Raffiesia. Al acercarme, vi que eran sábanas, cada una anudada en los extremos y unida a una rama en la parte superior con una cuerda. Pude distinguir tres bultos colgantes de estas construcciones en los árboles circundantes. Ahora una mujer joven se levantó, parecía casi una niña, y sacó un bebé de uno de los fardos, se lo puso al pecho y se sentó de nuevo con otra joven que me miraba con profundos ojos negros y almendrados.

—El gringo puede dormir allí, en la estera, en el lugar de Martín, él no volverá esta noche todavía —comentó.

—Lo quieres cerca de ti, Mabai —coqueteó la mujer con el bebé.

Mabai, pensé, qué nombre tan maravilloso.

Así que poco después estábamos todos echados, cada uno en su estera. ¿Quién era Martín? Me sentía como si estuviera en un sueño, todo parecía tan falso. Acababa de estar en Stuttgart y me habían agasajado con una ración de despedida de nuestros ravioles gigantes típicos, *Maultaschen*, una suave brisa de coloridas hojas de otoño a 17 grados, y luego estaba en un avión y sumergido en la bruma de un baño de vapor turco en el aire de Santa Cruz. Allí me bañé en vapor y polvo durante dos días, me subí a un bus, luego a un taxi y llegué al pueblo de cocaleros. Mientras tanto, el baño de vapor había adquirido diferentes tonalidades, desde el gris hasta marrón, pasando por verde, rojo y verde dorado resplandeciente, como las pequeñas hadas luciérnagas de ahora. Mi tratamiento de belleza también se había complementado con *peeling* de arena y paquetes de barro y fue acompañado por sonidos meditativos de la naturaleza. ¿Qué más se puede querer? Llevaba pocos días en camino y ya había llegado a mi primera parada para comenzar la verdadera búsqueda. Fue así, ¿o no?

CAPÍTULO VII

C omo si se tratara de un escenario de Hollywood, me desperté y vi que caían rayos, truenos y lluvia justo delante de mí, como si hubieran puesto el nivel de lluvia 10 para una escena de película. Esta era la situación en la que siempre se producían los asesinatos en las novelas policíacas.

Pero no estaba en un plató de cine. Era simplemente la diferencia de percibir una tormenta eléctrica a través de un muro de lona de bambú con techo de palmera o de una ventana de doble acristalamiento. Y la diferencia estaba en si *llovía* a *hilos* como en Alemania, *llovía gatos y perros* como en Inglaterra o si caían ríos enteros del cielo como si se hubiera roto un dique encima. Me preguntaba si el Jichi del agua o del bosque tuvieron algo que ver. Al parecer, las hormigas habían acertado y predicho la lluvia. ¿Por qué los humanos no conseguíamos hacerlo con tanta precisión a pesar de los sofisticados meteorólogos y las tecnologías de satélite, y seguíamos pensando que somos especialmente inteligentes?

Era plena noche y tenía una necesidad urgente que atender. Qué pena. En mi *Guía Selva Negra Para Orinar* escribiría que miccionar en las selvas tropicales podía ser muy romántico, pero que había que llevar un mosquitero y satisfacer las necesidades copiosas en cuanto las hormigas cortadoras de hojas estuvieran activas, es decir, antes de la lluvia. Bueno, demasiado tarde. Aguantar o deslizarse por la puerta y deslizarse por el barro. Dos pasos fuera de la cabaña deberían ser suficientes. Sin embargo, poco después estaba empapado hasta los calzones. A la mañana siguiente, aparecieron de repente más personas y se reunieron a pocos metros de nuestra casa. Mientras caminaba en dirección al pueblo, pude

distinguir más cabañas entre los árboles del fondo. Nadie había ordenado estas cabañas, ni las había colocado en hileras, ni había puesto aceras delante de ellas, ni había construido entradas de carretera. No había buzones, pasos de cebra ni señales de stop. En cambio, las casas estaban dispersas de forma aleatoria, como si se hubieran esparcido natural- mente.

Me acerqué un poco más a la reunión que se había formado bajo un árbol de tamarindo. En lugar de café, me entregaron una tutuma con un líquido beige, que luego resultó ser leche de una fruta de palmera. Era extremadamente deliciosa, más que la leche de arroz, la leche de soja, la leche de avena, la leche de almendras o cualquiera de esos sustitutos de la leche que estaban de moda en Alemania. La gente de aquí hablaba español, así que pude entender la conversación. Había leído, antes del viaje, que sólo unas 500 personas seguían hablando el Arawak como lengua materna, y que pronto se perdería el idioma. Me preguntaba qué más se perdería con el idioma.

¿Quizás un término especial para las hormigas de fuego o palabras para los espíritus del bosque? ¿Cómo se comunicarán con la naturaleza en el futuro si no tendrán palabras para hacerlo? ¿Cómo percibirían el silbido de los antas si ya no tendrán una palabra para designarlo? ¿Cómo podrán contar sus leyendas si ya no podrán citar lo que decía la Serpiente Arco Iris?

Escuchaba la conversación del círculo durante un rato, captando algunas palabras, sonaba más bien como una melodía, como música de fondo. Mi atención se desvió por completo de esta conversación y fue atraída mágicamente a la mi- rada de la segunda mujer que se había sentado junto a María y junto a la madre con el bebé en la estera la noche anterior, Mabai.

Era increíblemente hermosa. Vi como sus ojos almendrados me abrieron una puerta a lo salvaje, su larga melena negra, domada tan sólo por una pequeña trenza sinuosa sobre la frente, le acariciaba los hombros y su tersa piel morena era del color de la tutuma que tenía en la mano. Me avergoncé de mí mismo al darme cuenta de que mi mirada se había asentado en su cuerpo. Tan rápidamente se escapaban mis pensamientos.

—Gringo —se escuchaba la voz de Bernardo.

Pensé que tal vez debería recordarle de nuevo mi verdadero nombre.

—¿Qué fue eso de tu abuelo? William puede llevarte de vuelta a la finca de Joao si quieres. ¿O quieres volver a intentarlo por tu cuenta? —preguntó, de nuevo con una sonrisa pícara.

Esas preguntas me enfrentaron muy de repente. No, no quería volver con Joao, pero ¿cómo iban a saberlo? Intenté explicar mi estadía con la mayor verdad posible, todo lo que podía revelar sin que me echaran inmediatamente.

—En realidad estoy buscando a mi abuelo. Así que estoy buscando a alguien que lo haya conocido. O sea, alguien que pueda contarme la historia de nuevo, la historia de su muerte, y esa otra historia, la leyenda.

Ahora el ambiente de la ronda cambió y sentía una cálida atención sobre mí, como si estuviera a punto de revelar los datos del GPS del diamante azul del Titanic.

—Su abuelo era Arawak —reveló Bernardo de manera explicativa.

Me miraron aún más intensamente, como si quisieran leer directamente de mi cerebro. Empezaba a sentirme como una jirafa en un zoo. Pensé en mi abuela. Sólo los ancianos del pueblo podían haberla conocido; después de todo, se había trasladado a Alemania con mi padre cuando este era muy pequeño, hace medio siglo.

—¿Tu abuelo? ¿Cómo se llamaba? —finalmente llegó una pregunta de alivio del público.

—Miro. Miro Yukuna —dije cuidadosamente. Se miraron y susurraron una palabra que no entendí inmediatamente. Debía tener el signo de interrogación escrito con letras luminosas en mi frente porque me lo volvieron a repetir con más claridad.

—Sí, lo conocíamos, era *El Tigre* —dijo Bernardo—. Como mi escritura de neón aún no se desvanecía, pregunté: "*¿El Tigre? ¿Ese era su apodo?*".

—Con nosotros siempre fue sólo *El Tigre* —confirmó

un hombre de baja estatura con barba suelta y una gorra de béisbol con la inscripción *Freiwillige Feuerwehr Zuffenhausen*.

El Tigre, un apodo extraño, pensé, hasta ahora sólo había localizado tigres en Asia.

—¿Era tan fuerte como un tigre? —traté de indagar.

—No, él podía sentir el *tigre*. Sabía exactamente cuando uno se acercaba a nosotros, cuando hacía su ronda o nos mi- raba desde la rama del árbol. Él sentía el *tigre*. El *tigre* estaba en él —explicó María, que hasta entonces sólo había estado sentada en el borde del círculo, anudando una colorida cesta. Como todavía no sabía cómo entender lo del tigre, seguí preguntando.

—¿El tigre es un espíritu del bosque como el *Jichi*? —solté, convencido de que difícilmente podría haber tigres vi- vos en el lugar.

Se rieron. En ese momento me fijé en un pequeño grupo de niños que habían cavado un agujero en el suelo arenoso y trataban de mantener un escarabajo en él. El animal seguía arrastrándose hasta el borde y volvía a resbalar en la arena. Un joven con los dientes torcidos y los ojos profundamente negros llamó a uno de los chicos.

—Josecito, enséñale al gringo lo que es un tigre.

El chico se arrastró a cuatro patas desde su agujero de escarabajo hacia mi dirección, después se coló lentamente a mi alrededor en medio círculo y siseó como un gato. Toda la ronda rio y aplaudió, y tuve que admitir que fue un espectáculo convincente.

—Tiene el mismo color de piel que tú, con tantas manchas negras como los mosquitos que tienes ahora mismo.

Resoplaron todos y siguieron mirándome como si estuviera a punto de anunciar el siguiente número del circo. A estas alturas, ya había caído en la cuenta.

—Jaguar —fue todo lo que dije.

—Sí, tigre —respondió alguien desde algún lugar del grupo.

Perfecto, estaba mucho más cerca de mi búsqueda de lo que había pensado. Así que era verdad esa estrecha conexión entre mi abuelo y el jaguar. La historia podía ser cierta. Sabía que sería capaz de encontrarlo. Mi pequeño optimista volvió a anidar y creó motivación para la siguiente fase, que tampoco sería fácil. Pero yo no lo sabía en ese momento. En cualquier caso, estaba claro que mi abuelo era muy conocido aquí.

Si lo recordaban como persona o recordaban más bien las historias que se contaban sobre él, aún era algo que tendría que averiguar.

—¿Puedo quedarme a vivir aquí durante un tiempo?

Como confirmación, obtuve otra tutuma llena y las sonrisas generales del grupo.

CAPÍTULO VIII

U n pájaro de color naranja neón con alas negras pasó por encima de mí y se posó en una rama que se balanceaba rítmicamente con el viento. Olía a hierba húmeda y, con cada brisa, el suave viento hacía llegar a mi nariz una nueva mezcla de especias; una vez olía a flores frescas, inmediatamente después a toallas sucias y húmedas, y luego a aire marino. Si yo fuera un perro, me hubiera vuelto loco con ese cúmulo de impresiones olfativas. Afortunadamente, los humanos tenemos una nariz primitiva, más decorativa y funcional para
pequeños placeres.

La música en ritmo de cumbia sonaba de fondo, filtrándose de un viejo televisor con reproductor de DVD como el gas de una botella de soda mal cerrada. Un colorido grupo musical de cinco hombres bailaba en la pantalla del televisor con movimientos poco motivadores y las expresiones aburridas de sus rostros parecían mirar a través del tubo a la inexistente audiencia. Los sonidos y el equipo técnico parecían haber sido retocados con Photoshop en la armoniosa imagen del techo de motacú, el suelo de arcilla y las hamacas en medio de la exuberante naturaleza. Un mal artista gráfico debe haber creado esta imagen. Simplemente no encajaba.

Salí lentamente de la casa que habitaban Mabai, Bernardo, su esposa María y la mujer con el niño. Aquí se me permitió pasar la noche de nuevo, en el lugar de Martín, quién no había vuelto a aparecer. ¿Quién era él? ¿Quizás un hermano? ¿O el padre del bebé? La noche anterior habíamos comido unas deliciosas porciones fritas y crujientes de carne de anta.

Mis dientes enfrentaron grandes dificultades para triturar la fibra dura y procesarla hasta convertirla en bocados tolerables para el estómago. Desarrollé una especie de macurca al masticar y acabé comiendo más yuca que carne. Una delicia en medio de mi existencia vegetariana. Aproveché la sobremesa para preguntar de nuevo por mi abuelo. ¿Qué podrían decirme sobre él? ¿Cómo había sido? ¿Qué anécdotas suyas podían contarme y, sobre todo, cómo había muerto exactamente?

Todo lo que dijeron sobre su muerte fue más o menos *así: Murió no más. Se adentró en el bosque y luego murió.* Así era la vida en el campo. Por teléfono habían dicho que estuvo enfermo y que luego había muerto, ahora decían que había fallecido en el bosque. No quedé satisfecho con estas respuestas. Estaba seguro de que esa historia paralela seguía presente. ¿Tal vez necesitaba más confianza para que me la contaran? ¿O es que aún no había llegado a la persona adecuada?

La conversación del día anterior me zumbó en la cabeza. *El Tigre.* En cualquier caso, tenía que encontrar al jaguar. Me pareció un buen plan. Encuentra el jaguar, sigue preguntando a la gente, sigue viviendo aquí. Y aprende de ellos.

Al cabo de dos días encontré una pequeña colina desde la que tenía cobertura de teléfono móvil y pude enviar algunos mensajes de WhatsApp a mis amigos y familiares. No quería escribir mucho. ¿Cómo podría describir la vida aquí? Como transmitir la sensación de estar en un baño de vapor turco y llenarlo con todas las flores de la tía Friese. No, no tenía ganas de contar nada. Para narrar, uno tiene que haber realizado una mínima autodigestión de las cosas que se han vivido. Las experiencias mías eran tan crudas que resultaban indigestas para todos, incluso para mí. Así que sólo escribí que estaba con mi familia, que estaba bien, que volvería a estar en contacto.

Quería estar conmigo mismo, con mi yo, dondequiera que pudiera encontrarlo.

Esperaba que mis antepasados pudieran ayudarme. Este tiempo estaba destinado a desconectarme del mundo exterior y conectarme con mi mundo interior. ¿Quién era yo, si mi abuelo, *El Tigre*, tenía esa facultad única de conectarse con jaguares? ¿Quizás yo la había heredado? ¿Cuál era ese lado Arawak dentro de mí, quién era ese hombre que yo creía ser?

Fuimos a casa de William, como habíamos hecho el día anterior. Debía haber relevado a Bernardo en el cuidado de las vacas del atajado en el terreno de Joao, pero como había empezado a llover, habían llevado las vacas de vuelta al pueblo. Ya corría agua por su arroyo propio. William vivía muy cerca, en medio de la selva, así que sólo podía uno encontrar su cabaña si miraba allí mismo y la buscaba. William, ese misterioso nombre que ya intentaba descifrar en la finca de Joao y que imaginaba como un extraño batido gringo Arawak, resultó ser el segundo cacique del pueblo. No me había quedado claro que existía una especie de "registro civil" también aquí y que no se podía comparecer sin las formalidades necesarias. Las formalidades de mi registro en este caso aquí, en la comunidad, las tenía que realizar junto a William, el cacique Jacinto, su esposa Salma y su joven hijo Moisés. Sus preguntas, sin embargo, eran muy ordinarias. Cómo me llamaba, qué pretendía hacer aquí, durante cuánto tiempo, dónde viviría. Sólo una pregunta me hizo reflexionar: qué uso tendría la comunidad de mí. Sí, esta pregunta debería hacerse también en Alemania a todos los residentes: *Buenos días, quiere vivir en Untergruppenbach, ¿qué contribución hará, usted, a nuestra comunidad?*

Respondí muy bien a todas las preguntas y les expliqué

que quería saber más sobre mi abuelo y que podía ayudarles a buscar su país en los mapas del mundo; su comunidad, en el mapa nacional; las comunidades vecinas; el municipio; el departamento o todo el continente. Propuse mostrarles lo grande que era el mundo y lo que había en él. No parecían muy entusiasmados, pero debieron concederme una especie de visado de cortesía porque bebimos un poco más de chicha de yuca y nos fuimos del lugar. Pensé en Archie, mi querido programa de mapas que me conectaba con el mundo. Archie me guiaba por los países, me mostraba montañas, valles y lagos, subidas y bajadas, parques naturales, todo lo que quería saber. Me preguntaba si había enchufes en alguna parte para revivir a mi laptop. Pero supuse que tenía que haber electricidad por la pantalla de televisión y el foco, al menos a veces.

De camino a casa del cacique Jacinto, pregunté a Bernardo y a María si podía contactar a William por lo de mi abuelo, pero no me contestaron. En cambio, seguimos caminando y Jacinto me puso una pala y un machete en la mano. Poco después me encontré en un campo, y junto con Bernardo quité las malas hierbas, coseché yuca, coloqué papayas en una pila como si fueran las piezas de exhibición del próximo concurso de productos agroecológicos. Al mismo tiempo, tu- vimos que botar una de cada cinco papayas porque los pájaros ya habían tomado un maravilloso desayuno gourmet en ellas. A los tucanes, en particular, les encantaba esta jugosa fruta naranja, que casi se desintegraba en las manos. Supuse que, después de todo, había recibido un visado de trabajo.

—Eso te ahorra cualquier gimnasio —dije, para continuar la conversación con Bernardo. Mientras tanto, María había ido a trabajar en los cultivos de plátano. Inmediata- mente después, me di cuenta de lo absurdo que debió haber sonado mi comentario. ¿Quién sabía de un gimnasio aquí?

—Sí, sí —dijo Bernardo—, hay que sacar los tallos

de yuca de la tierra con mucho cuidado para que la raíz salga bien. Como si se pudiera lastimar, mira, así.

Torció hábilmente el palo de la planta de mandioca y la sacó lentamente de la tierra. Aparecieron cinco tubérculos gruesos y alargados, y al menos otros ocho más pequeños. Sacudió la tierra, sacó los tubérculos uno a uno y los colocó cuidadosamente a su lado. Lo intenté, pero sólo con mucha fuerza de mis dos manos conseguí extraerlos de la tierra sin romper la parte superior de la planta. Las papas de mi abuela habían sido más fáciles de cosechar. ¿En qué persona más urbana me había convertido?, ¿Una que sólo había cosechado papas dos veces en su vida? Pero sentí que mi visado de trabajo Arawak había sido expedido por un plazo bastante largo, justo el tiempo que necesitaba para cavar en lo más profundo y sacar de mi interior al menos cinco gruesos y ocho pequeños tubérculos de sabiduría vital. Me propuse parar un mes aquí y luego volver a Santa Cruz, pero al final todo resultó muy diferente.

CAPÍTULO IX

D ebo haber estado con los Arawak durante un mes más o menos, habiendo renunciado a mis lujos vegetarianos por completo y adoptando la actitud de *todo lo que está en mi plato es delicioso*. Mientras tanto, podía cosechar fácil- mente yuca, plátanos y papayas, y observaba cómo las lluvias silvestres maduraban muchas otras frutas, como las acerolas, ricas en vitaminas, o las deliciosas maracuyás, granadillas y pachíos que aparecían después de sus maravillosas y artísticas flores de paciflora.

Cada vez más a menudo me encontraba mirando a Mabai, admirando sus curvas y perdiéndome en sus ojos. ¿Qué pasaría si se diera cuenta? ¿O ya se habían dado cuenta? Cada vez con más audacia, la perseguí con diversos pretextos. Ese día no fue una excepción. Corrió hacia el bosque en dirección opuesta a los campos, hasta donde la vegetación era muy espesa. Corrí tras ella a poca distancia, con el corazón latiendo a mil por hora. Ante mis ojos, el pequeño mechón de pelo que caía sobre mi frente se balanceaba al ritmo de mi corazón. Observé cómo Mabai recogía hierbas, llenaba una canasta con ellas y seguía caminando. Estábamos bastante lejos del pueblo y, aunque estaba seguro de poder encontrar el camino de vuelta, me sentía mareado. ¿Cómo puede este bosque ser tan fascinantemente maravilloso y al mismo tiempo aterrador?

Después de un largo rato, Mabai corrió hacia una cabaña que estaba bastante más adentrada en el bosque que todas las demás. Justo antes de la vivienda, se volvió hacia mí. Me había escondido detrás de un árbol como un niño pequeño.

—Ven, gringo, quiero que conozcas a alguien —me dijo.

Me quería desvanecer de la vergüenza. Ella supo todo el tiempo que la estaba siguiendo y jugando al escondite. ¡Qué tonto! Menos mal que no pudo ver cómo mi cara se ponía del color de las acerolas.

Recordé mi infancia. Debo haber tenido unos 10 años de edad. Jugábamos a un juego que inventamos nosotros mismos llamado "la vaca loca". Todos teníamos que huir y "la vaca loca" tenía que atraparnos. Cuando nos alcanzaba una, teníamos que volvernos locos hasta que una "vaca sana" nos liberaba de nuevo.

Tuve que sonreír. Qué más quería yo que ser controlado por Mabai, así que dejé que sucediera.

—Don Juan —llamó ella desde la distancia.

Aunque no obtuvo respuesta, pasó a través de la pequeña valla hasta la entrada. Consistía en una hilera irregular de tacuara que dejaba ver pequeñas rendijas hacia el interior de la casa. En el patio se extendían las paredes de la casa de bambú, que parecían haber sido alineadas como mondadientes gigantes. Las palmas de motacú servían de techo, apoyadas en una viga principal y cuatro transversales, formando una cubierta muy puntiaguda. En el interior de la casa, las vigas servían de percheros y evitaban que unas tres camisas   y dos pantalones de tela se mancharan de color marrón por el suelo de arcilla y que se poblaran de pequeños bichos. En un lado del suelo había una gran estera, junto a la cual se secaban diversas hierbas, pieles de serpiente, flores, aceites y otros líquidos en una desvencijada construcción de tablones, con tonalidades que iban desde el té de canela hasta el jarabe de guapurú.

—Mabai, mi flor, es bueno que me visites. No estás enferma, ¿verdad? —dijo Juan agradecido por nuestra visita.

—Siempre me bañaste en cusi y copaibo, abuelo, ¿cómo iba a enfermarme? —respondió coquetamente.

—¿A quién me has traído? Tampoco parece enfermo,

parece bastante sano el gringo, casi como si quisiera ser un bibosi para mi pequeña motacú.

—Oh, abuelo, ¿en qué estás pensando otra vez? —luego Mabai se volvió hacia mí y señaló una palmera enredada por una planta estranguladora— Eso es el bibosi en motacú. Eso es lo que se dice aquí a dos amantes porque siempre apa- recen juntos, apretándose como las plantas. Pero claro, eso es una tontería, ¿no, abuelo?

Don Juan fue detrás de su casa y volvió con una caña de azúcar. Partió hábilmente la caña con un pequeño cuchillo, peló la capa exterior y nos tendió un gran trozo a cada uno.

—Que tu vida siempre sea dulce —dijo señalando un banco de madera. Nos sentamos.

—Tienes que contar tu historia, abuelo —dijo Mabai.

—¿Cuál historia, querida? Sabes que conozco todas las historias de nuestra gente, así que puedo contarlas. Pero eso siempre fue aburrido para ti. Ahora de repente quieres escu- char las historias, ¿por qué? Me gustaría contarles la historia de cómo surgió nuestro pueblo, escuchen con atención.

Don Juan se puso cómodo y estaba a punto de sumer- girse en la leyenda cuando Mabai se le adelantó.

—No, la otra historia, abuelo, la del ayo, del Tigre — dijo. Juan guardó silencio. Era como si una instrucción apare- ciera en el aire diciendo *ha introducido una contraseña in- correcta, por favor, inténtelo de nuevo.* Probablemente había es- perado todo, excepto esta historia.

—Esto no es una leyenda, lo he visto con mis propios ojos. Sé que no me crees. Si te burlas, puede ser peligroso. Sabes que El Tigre es amable con nosotros los humanos, pero si lo molestamos, ya no nos tolerará en su territorio.

—Lo sé, abuelo, muchos no te creen, sobre todo los más jóvenes, yo también, ya te lo dije. Pero el gringo necesita co- nocer la historia —explicó Mabai y pude sentir su incomodi- dad. ¿Había dado en el clavo? ¿Es por eso que don Juan vivía tan lejos del pueblo?

—Lo sé, abuelo, muchos no te creen, sobre todo los más jóvenes, yo también, ya te lo dije.

Pero el gringo necesita conocer la historia —explicó Mabai y pude sentir su incomodidad. ¿Había dado en el cla- vo? ¿Es por eso que don Juan vivía tan lejos del pueblo?

—¿Qué quiere decir con necesidad? Necesitamos comida, bebida y amor —citó.

Mabai me miró y supe que era mi turno de decir algo.

—Así que, eh, buenas noches, mi nombre es Ayo —tartamudeé—. Gracias por recibirme en su casa, *Nupheri* —comencé mi discurso. Me tomé un tiempo para pensar en cómo continuar mi tema— Yo también tuve un abuelo como tú —expliqué antes de contarle el propósito de mi visita.

Juan escuchó atentamente y asintió una y otra vez. No se movió, me miró profundamente y casi parecía que mi historia se desarrollaba ante una pantalla de cine. Como si no lo estuviera contando, como si estuviera aquí. Era una sensación extraña. Como si, al igual que el aroma de las flores de jazmín, mi historia flotara en el aire, a veces con más fuerza, a veces con debilidad y se pudiera sentir dependiendo de por dónde uno estuviera caminando. Estaba burbujeando con la narración, esta vez estaba seguro de haber encontrado un buen oyente. Me hizo bien.

Estaba oscureciendo afuera, sólo lo había notado ahora, cuando el cielo ya brillaba con estrellas. Tampoco me había dado cuenta de que había aparecido una sopa de pollo delante de mí y un plátano cocido verde en mi mano para acompañar. Mabai debió entrar en la cocina en algún momento y salir con sopa.

—...Y luego llamaron y dijeron que mi abuelo había muerto o, bueno, tal vez era diferente, así que por eso estoy aquí —terminé mi historia, sintiéndome un poco inseguro.

—Ayo es tu nombre, eso es interesante —dijo Juan después de un largo silencio.

—Sí, exactamente, mi nombre tiene un significado importante, ¿no? Entonces, nos dijeron por teléfono que mi abuelo había muerto, sin más, que había muerto y que no sabían por qué.

Juan levantó la vista un rato, como si quisiera aspirar la historia flotante para seguir contándola.

—Y ahora estás aquí porque sabes que no fue así, ¿verdad? Sabes, Miro era un hombre con unas habilidades increíbles. Cuando iba a cazar, siempre traía un gran animal. Casi parecía que se comunicaba con ellos. Intuía hacia dónde correr, cuándo no debíamos salir de casa, cuándo el río se des- bordaría y seguramente habría sabido que el río se secaría en cuanto estos ganaderos se instalaran aquí, en nuestras tierras. Yo también lo sabía, pero a los viejos ya no se nos cree. Ahora nuestro cacique es elegido democráticamente, así es el mundo moderno, los viejos ya no tenemos nada que decir —explicó con calma, como si estuviera explicando la preparación de la sopa de pollo y no la supervivencia de su pueblo. Incluso sonrió al hacerlo.

Tras un silencio, me miró a los ojos. Una pequeña mosca se arrastró por su nariz como si también se interesara por la historia y buscara un asiento de palco. Al mismo tiempo, la historia empezó a correr y finalmente, después de mucho tiempo, fue contada de nuevo.

—Voy a contarte una historia, cualquier historia de cualquier día en cualquier mundo. Puedes creer lo que quieras —comenzó su lección de narración con cuidado y quedó claro cuántas veces debió contarla encontrando resistencia. Era como si reuniera todas sus fuerzas para relatarla por última vez antes de que desapareciera para siempre en los recovecos de la selva. Los grillos piaban y había un olor a flores de jazmín.

—Era una tarde al final de la temporada de lluvias. El aire era húmedo, los loros chillaban y el viento soplaba del norte. Tres hombres estaban sentados frente a una de las cabañas de la comunidad empacando sus provisiones, querían ir a cazar y se preparaban para estar en el bosque durante quizás tres días o más. El más alto de los hombres se adelantó y lideró el camino. Caminaron detrás del amplio árbol de tamarindo, por el camino que ahora es tierra de Joao, de allí siguieron a la izquierda en el bosque y hacia la colina. Pasaban las rocas y se adentraron en la hondonada, hasta donde jamás habían llegado. Caminaron casi toda la noche. Todavía no habían matado a ningún animal, esta vez querían una presa especialmente grande, no un simple jochi. No fue hasta el amanecer cuando montaron el campamento y durmieron unas horas. Se habían instalado en la orilla del río para tener siempre agua suficiente y, con el tiempo, los animales también querrían tener acceso al agua y así iban a encontrar a sus presas. La luna estaba alta en el cielo, casi llena. Juan había encendido un cigarrillo mientras tanto y soplaba el humo al aire con fruición, como si quisiera darle un nuevo rumbo a la historia. Escuché embelesado y me pregunté si uno de esos tres hombres había sido mi abuelo y, de ser

así, quiénes habían sido los otros dos.

Mientras tanto, la pequeña mosca se había acomodado en el hueso del muslo de pollo en mi plato de sopa vacío.

Juan miró a la luna y se fundió en su historia.

—Se levantaron, comieron un poco de arroz que habían empacado y guardaron sus pequeñas mochilas bajo las lonas de plástico que habían tendido sobre un marco de bambú para pasar la noche. Colgaron los pocos restos de comida en un palo con una pequeña cuerda, lastraron los extremos de las láminas de plástico con piedras, aseguraron la entrada para visitantes no deseados y se llevaron las flechas a la espalda. — Se levantó, estiró la espalda y salió caminando de la cabaña hacia la oscuridad. Mabai me sonrió tímidamente —. Si también necesitas orinar, puedes ir al patio de atrás. Es fácil para los hombres. Yo, como mujer, siempre tengo miedo de que me muerda una serpiente cuando me paro en la letrina. Hay muchas serpientes bajo esas tablas.

Juan ya estaba de vuelta y se notaba que quería continuar la historia. Había encendido un nuevo cigarrillo y se había acomodado de nuevo en el taburete de madera.

—Así que los tres hombres se pusieron en marcha. Querían encontrar una salina, porque allí se reunirían los animales al amanecer y al atardecer. Caminaban como si conocieran el camino, siguiendo siempre su instinto. Otros cazadores solían volver con monos araña, pero como mucho serían suficientes para una sola familia. Estos cazadores querían cazar un animal realmente grande, querían organizar una fiesta en el pueblo con su presa. Así que siguieron caminando. Alrededor del mediodía, encontraron una salina, memorizaron los alrededores exactos y el mejor escondite para la noche. Volvieron al río, bebieron, comieron y se prepararon para la gran cacería. Como también eran muy buenos pescadores, hablaron con el Jichi del río, lo llamaban *Añete*, y les regaló un *Tucunaré*. Después de todo, el río no estaba tan seco entonces como ahora. Cuando las últimas parejas de loros volaron sobre sus cabezas, se pusieron en marcha.

Escuché embelesado la historia y traté una y otra vez de ponerme en el lugar de mi abuelo. Seguramente él había sido uno de los tres hombres. ¿Qué había pensado, sentido, buscado? ¿Por qué esta cacería era tan especial para ellos? ¿Querían demostrarse algo a sí mismos o a los demás? ¿O simplemente querían algo nuevo, un poco de adrenalina? Pero también podrían haber sido razones espirituales, si sus instintos les hubieran guiado. No me atreví a preguntar porque sabía que esta historia se contaría en ese momento y en ese lugar por última vez. En ningún caso debía interrumpir el flujo del discurso o hacer una pregunta equivocada.

Mabai había lavado los platos mientras tanto, no parecía tan interesada en la narración, más bien parecía disfrutar de mi reacción. Juan siguió mirando la luna y dejó que la historia fluyera.

—Así que se pusieron en marcha, fueron directamente

a la salina y se escondieron en la punta de la raíz de un árbol que sobresalía. Uno de los hombres se colocó enfrente y así pudo tener una visión directa del salar del otro lado y mirar hacia el río.

Los otros dos se quedaron sentados en la raíz. Mastica- ban con fruición un trozo de charque que habían traído, por lo demás estaban tan quietos e inmóviles como los propios árboles. Se oyó un crujido en los arbustos detrás de ellos, pero no se movieron. Los grillos cantaban una y otra vez y se detenían de nuevo al mismo tiempo, como si siguieran las instrucciones de un director de orquesta. El crujido se acercaba y, detrás de ellos, a la distancia de un bambú, un tatú salió de los arbustos, pasó corriendo por delante de la salina y volvió a adentrarse en la selva. El segundo hombre estaba a punto de sacar sus flechas, pero el primero lo contuvo: Hoy nos espera algo especial, no sólo un armadillo.

Esperaron toda la noche, pero ningún otro animal se les cruzó. Cansados, volvieron a su campamento y durmieron. Cuando se despertaron, no estaba allí. El primer hombre ya no estaba echado sobre su estera. El segundo y el tercer hombre fueron al río, seguramente lo encontrarían allí, al primer hombre, pescando, eso pensaron. Sí, eso creían. Pero él no estaba allí. Todo lo que encontraron fueron sus huellas, huellas de pies descalzos que se dirigían directamente al agua. ¿Había ido a nadar? No estaba allí. Ya no estaba allí, el primer hombre.

Juan tomó un gran trago de agua de un vaso de metal e inhaló profundamente para tener suficiente aire para la última parte de la historia. Yo también tomé un sorbo de agua, como si eso pudiese contribuir al flujo de la trama. Estaba casi reventando de tensión por saber qué iba a pasar a continuación.

—No estaba allí —repitió Juan, como si recién ahora se diera cuenta, al igual que los hombres de la historia, quienes probablemente tardaron en ser conscientes de que su colega de caza había desaparecido—. Por supuesto que también habían registrado los alrededores, eso está claro, pero el segundo hombre ya lo sabía, ya sabía lo que había pasado, aunque no quería creerlo. Así que siguió buscando, con la esperanza de encontrar otra explicación.

Pero no hay tal cosa cuando una cosa está clara. Y era claro. Volvieron a la orilla del río y, por supuesto, encontraron las cáscaras del maní. Aun así, nadaron hasta el otro lado y, por supuesto, así era, el segundo hombre siempre lo había sabido.

Juan parecía haber terminado de contar la historia y mi cabeza zumbaba de imágenes como mosquitos bajo un foco suelto. Sólo ahora me di cuenta de la cantidad de mosquitos y moscas de todos los tamaños que se habían reunido allí. Nada estaba claro para mí. ¿Quiénes eran estos hombres? ¿Qué le había sucedido al hombre y qué tenía que ver la cáscara del maní? ¿Por qué el segundo hombre lo sabía, y el tercero? ¿Había pasado algo malo? Tuvo que ver con la muerte de mi abuelo, ¿o no? ¿O todavía no habíamos llegado tan lejos en la historia?

Afortunadamente, después de todo hubo una continuación, quizás mi expresión confusa había contribuido a ello. Mabai me observaba con mucha atención, obviamente era muy importante para ella ver cómo me tomaba esta historia, casi todos los oyentes anteriores la habían descartado como pura imaginación.

—Allí estaban, las huellas en la arena de la orilla del río, en la otra orilla, tal y como el segundo hombre ya había sospechado y como el tercero nunca habría imaginado. —Juan dibujó unos círculos en el suelo arenoso de su cabaña con un palo y los miró pensativamente.

—¿Ahí es donde estaban sus huellas? ¿Las del primer hombre? Entonces, ¿desapareció en el bosque de allí? —pregunté directamente. Ya no quería escuchar más silencio.

—No, sus huellas no —me corrigió Juan—. Mira, así —señaló su pintura de arena con su bastón—. Sus patas, las patas del *Tigre*. Ese hombre sí sabía hacerlo, sí era *ayo*, el

maestro del *Tigre.*
—¿Qué sabía hacer? —pregunté, aún sin entender.

—¿Ahí es donde estaban sus huellas? ¿Las del primer hombre? Entonces, ¿desapareció en el bosque de allí? —pregunté directamente. Ya no quería escuchar más silencio.
—No, sus huellas no —me corrigió Juan—. Mira, así —señaló su pintura de arena con su bastón—. Sus patas, las patas del *Tigre.* Ese hombre sí sabía hacerlo, sí era *ayo*, el maestro del *Tigre.*
—¿Qué sabía hacer? —pregunté, aún sin entender.

—Has acertado, era *ayo*, como tú —contestó Juan con una sonrisa, poniéndose de pie y deseándonos buenas noches—. Puedes hacer lo que quieras con la historia, puedes pensar lo que quieras, sólo te pido una cosa. —Me miró directamente a los ojos—. Respeto. No debes burlarte de los ancestros. Así que ahora ten cuidado en el camino de vuelta. Vamos a dormir —con estas palabras, se levantó como si acabara de volver cansado de un largo viaje.

En el regreso a través de la selva, volví a repasar toda la historia en mi mente. ¿Qué les habían dicho a mis padres por teléfono en aquel entonces? Yo era aún muy pequeño cuando recibimos la llamada telefónica, la noticia de la muerte. ¿Cómo me lo había explicado mi padre? No lo recordaba exactamente. El jaguar y el abuelo, la estrecha conexión. El maní en la orilla del río, las huellas que de repente se convirtieron en huellas de jaguar. No había sido comido, transformado, eso era todo. Debe haberse transformado realmente. Mabai fue la primera en encontrar el habla de nuevo. —Es como una receta de sopa de maní, así lo cuenta siempre Juan. Como si fuera muy sencillo cuando eres un *ayo*. Buscas la conexión espiritual, te comes un maní, en el momento adecuado te metes en el río y sales del otro lado en forma de tigre. Se dice que en nuestro pueblo siempre ha habido una persona con esta habilidad, un *ayo*. Si esa persona muere, esa habilidad se transfiere a otra persona. Y estas personas lo sienten, siempre están conectadas con el jaguar, como lo estaba tu abuelo. Por eso Juan cree tanto en esa historia. Y tú, ¿qué piensas ahora? Tú también eres un *ayo* —preguntó con curiosidad.

Sí, esa era su pregunta. No era una historia que encajaba en la visión del mundo del siglo XXI, ni siquiera aquí en el país.

—Necesito pensarlo un poco —dije diplomáticamente, pero sí, también era real. Sentía que debía reflexionar, no sobre la veracidad de la historia, aunque no podía explicar-la racionalmente, sino acerca de cabos sueltos: ¿Habían encontrado entonces el cuerpo muerto? ¿Se había descartado la existencia de un cuerpo porque seguía vivo en forma del jaguar? ¿Quién era ahora el heredero de esta habilidad, yo acaso? Me di cuenta que Ayo, mi nombre, era realmente muy especial. Mis padres sólo me habían explicado que era significativo, que llevaba la historia del pueblo dentro de mí y especialmente la conexión con mi abuelo. Me preguntaba si había heredado esa habilidad. Tendría que pensar en cómo continuaría ahora mi búsqueda del jaguar, ¿o debería decir empezaría? Así que era posible, siempre lo había sabido. Sólo quería mirarlo a los ojos una vez, una vez más, para reconocerlo, para decirle con una mirada todo lo que no había podido hacerle saber en forma humana a mi abuelo, el *Tigre*. Sabía que lo buscaría, pasara lo que pasara. Fue hace sólo 8 años, esa historia, los jaguares pueden vivir hasta los 15 años. Él tenía que estar vivo. Y estaba seguro de que estaba por aquí, muy cerca de mí, el *ayo*.

CAPÍTULO X

H oy, William despertó especialmente temprano, incluso antes del amanecer, y caminó por el bosque durante dos horas. Cuando volvió, acabábamos de desayunar: arroz con un huevo frito, yuca hervida y un trozo de carne. A estas al- turas ya me había acostumbrado al abundante desayuno y me vino bien para el trabajo de campo posterior. La historia de la noche anterior seguía dando vueltas en mi cabeza, había sido

increíble.

—Ha vuelto —dijo William en un tono que dejaba claro que tenía que ser algo muy cotidiano.

Juan, Mabai y su tía Margarita descartaron esa noticia con un movimiento de cabeza.

—Han pasado otros cuatro días. Caminó por el lecho seco del río hasta la colina de nuevo, las huellas estaban bas- tante frescas. Por cierto, he traído algo de papaya —con estas palabras se dirigió a la cocina, dividió la papaya y puso una porción y una cuchara en cada una de nuestras manos. Luego se sentó junto a nosotros en el banco de madera y se diri- gió hacia mí—. Has hablado con Juan —dijo como si fuera una declaración—. Cuenta muchas historias, todo es verdad y mentira al mismo tiempo. Ahora ya conoces la historia de tu abuelo. ¿Qué harás ahora, volverás a tu país? —preguntó con curiosidad.

—Sí, estaba hablando con Juan. ¿De quién hablabas, qué has visto en el bosque? —le pregunté desviando la con- versación.

—Al gran tigre. Es el último en esta zona, el último jaguar. Desde que esa gente de la agricultura compró nuestras tierras, muchos animales se han retirado y nosotros

también, somos como animales.

Ahora es el único que queda, el último tigre de la región. Cada cuatro días viene por aquí, muy cerca, luego se va muy lejos, es su única forma de sobrevivir. Parece que siempre nos visita, pero casi nunca lo vemos. Hace tiempo, sí, Juan lo vio.

—Me gustaría verlo, me gustaría quedarme aquí tanto tiempo. ¿Es eso posible? —pregunté con inseguridad. William y Bernardo sonrieron.

—Entonces, será mejor que empieces a buscar a una Arawak bonita para que puedas quedarte aquí tanto tiempo. O simplemente ve al zoológico de Santa Cruz, está lleno de tigres y ni siquiera huirán de ti. —Golpeó el banco de madera con su cuchara para acompañar su frase.

—Ok, perfecto, entonces voy a empezar la búsqueda de inmediato, la búsqueda de mi Arawak, tal vez usted puede ayudarme. —Yo coqueteé de vuelta.

Típica charla de hombres, sólo pensé que así es en todo el mundo. Pero le seguí el juego. Mabai se había retirado y Margarita estaba sentada tranquilamente en la hamaca, a su lado un niño jugaba algún juego de dedos. Parecía una versión de piedra, papel o tijera.

Había conseguido en cuatro días convencer a William de que caminara conmigo hasta el lecho del río seco donde encontraba regularmente las huellas del jaguar. Nos levantamos antes del amanecer y caminamos durante una hora por el bosque hasta llegar al cauce. A estas alturas, los cálidos y dorados rayos de sol brillaban a través de la vegetación, de- jando un maravilloso juego de colores. Me recordó al papel pintado de un amigo, salvo que aquí los helechos se movían realmente con el viento. Por encima de nosotros volaba un pajarito amarillo neón y también varias mariposas morpho azules enormes. Recorrimos unas cuantas curvas por el cauce semiseco, algo embarrado y pedregoso, una y otra vez había bancos de arena poco profundos en los que se reunían pequeñas mariposas de color verde brillante como niños de primaria en el patio de recreo. Volaban salvajemente arriba y abajo, de un lado a otro, sólo que no hicieron ningún ruido. William se detuvo detrás del tronco de un árbol caído y se arrodilló en el suelo arenoso.

—Mira —dijo, señalando el suelo. Pude distinguir una huella, más o menos del tamaño de la bola de mi mano, tres círculos encima y un agujero de barro al lado, probablemente habría un cuarto círculo—. Te lo dije, siempre está ahí, siempre en el cuarto día. Es más fiable que nosotros —bromeó.

William se levantó y se dio la vuelta para marcharse. Volví a mirar la huella, fascinado. ¿A dónde se habría escapado el jaguar? ¿Qué estaba haciendo? O estaba sentado en un árbol en algún lugar alrededor de nosotros, riéndose a carcajadas. ¿Pueden los jaguares reírse? Obviamente eran muy buenos jugando al escondite.

—¿Adónde ha corrido? ¿Dónde están las otras pistas? Si quiero verlo, ¿cómo lo hago? —le insistí a William. Yo no estaba satisfecho con una sola huella de pata como esa. Busqué en mis alrededores, pero no encontré ninguna otra.

—Hay diferentes posibilidades —comenzó su explicación—. O no haces nada y tienes suerte y lo ves alguna vez o nunca. O eres uno de esos biólogos. Entonces podrás ver tu jaguar en la cámara. Vienen y montan estas cosas que filman por la noche y hacen fotos. Seguro que en tu país también los tienen, ¿no? Bueno, aquí no. O, tercera opción, puedes conseguir o fabricar una de esas cosas que usan los ganaderos cuando quieren disparar a un tigre porque ha matado a una vaca.

—¿Qué tipo de cosa? —profundicé.

—Es una especie de tutuma grande y redonda con una cuerda de pelo de caballo adentro. Cuando se tira de la cuerda con los dedos desde dentro hacia fuera, suena como el rugido de un *tigre*.

—¿Y por qué no tienes una de esas cosas?

—¿Nosotros? No, eso asustaría a los animales, no lo hacemos. Entonces el *Tigre* piensa que hay una *tigresa* caliente ahí, poniéndose guapa, y luego sólo hay un William. ¿Te imaginas la decepción? Me comerá por frustración después, no, prefiero no hacerlo. —William hizo la mímica de la cara del jaguar decepcionado y yo también tuve que reírme.

Volvimos caminando al pueblo. William tenía prisa porque ese día había un torneo de fútbol. Habían abierto un espacio en el monte, construido arcos con finas cañas de bambú y tenían organizados equipos. Había chicha de yuca, chicha de arroz y zumo de palma asaí para beber. Aparte del hecho de que estábamos en la selva y no teníamos camisetas ni árbitros, la energía de la lucha me pareció muy comparable a la de los torneos en Alemania. Me hubiera gustado comprar una ración de patatas fritas grasientas con mucha mayonesa y ketchup. El fútbol realmente era una excelente oportunidad para conectar mundos, pensé, tal vez lo intentaría en Alemania.

Por la noche, no había parte del cuerpo que no me doliera y me quedé impotente en mi estera. Todos los equipos habían querido tener a *El Bayer* con ellos. Ese era mi nuevo apodo. Como suabo, eso era absolutamente inaceptable, pero habría sido demasiado difícil de aclarar.

Decidí que, a partir de ahora, cada cuatro días, caminaría solo hasta el lecho del río y buscaría al jaguar. Un poco de suerte me ha ayudado muchas veces en mi vida, lo haría de nuevo esta vez, esperaba. *No puedes encontrarlo, sólo puede ser encontrado si él quiere.* De repente me vino a la cabeza esa frase, ¿quién la había dicho? Oh, sí, Froilán, en la granja de Joao, cuando buscaba a Bernardo. Me pregunto si iba a ser lo mismo con el jaguar.

Me puse delante de una gran fuente y lavé mis tres pantalones cortos, cuatro camisetas y pantalones. Esa era toda la ropa que tenía, tampoco necesitaba más. Mis pensamientos seguían girando en torno al jaguar. ¿Qué estrategia debo adoptar? ¿Cómo podría encontrarlo? A menudo había

visto cómo los perros sentían o incluso olían el miedo de la gente. ¿Tal vez un jaguar podría hacerlo aún mejor? Tal vez intuyó cuál era la intención de un humano con él. Tal vez fue incluso más allá e intuyó con quién debía encontrarse o por dónde debía correr y por dónde no. Y si ese jaguar era mi abuelo, ¿podría sentir quién era yo? ¿Todos los jaguares eran humanos transformados? Una hermosa noción, al menos. Si lo creyéramos, seguramente los protegeríamos mejor a ellos y a su hábitat.

Era el cuarto día. Tuve que admitir que no era tan valiente como siempre pretendía. Era asombroso lo bien que se podía engañar uno a sí mismo y caer en la trampa una y otra vez. Casi me morí de miedo cuando me adentré en el bosque solo por primera vez aquella mañana al amanecer. Al fin y al cabo, siempre había tenido una buena conexión con los sistemas GPS (oh, cómo echaba de menos mi Archie), así que no me preocupaba por perderme.

Pero mi cerebro matemático inmediatamente volvió a establecer ecuaciones: selva + soledad + jaguar = X. Esta in- cógnita se veía bastante aterradora en aquella mañana.

Agudicé mis sentidos y caminé lentamente hacia el río, y me senté en una gruesa rama cerca de donde había estado con William. Por supuesto, algún aldeano habría venido conmigo si hubiera querido. Bernardo se había ofrecido, también Orlando y Juan Pedro, los dos hijos de Margarita. Mabai también me había preguntado insistentemente si realmente quería ir solo. De nuevo me había sorprendido explorando sus curvas, me hubiera gustado tenerla conmigo. Pero de ser así no me habría concentrado en el jaguar. No es que ella me hubiera acompañado realmente, pero "estar solo" era una si- tuación inusual para un Arawak. Aun así, estaba convencido de que en solitario era la única forma de tener oportunidad de ver a un jaguar, de ver al jaguar, y estaba dispuesto a asu- mirlo todo. En mi cultura, el estatus de "estar solo" es social- mente bien probado y apuntalado con un conjunto de valores positivos. Si publicara "Solo en la selva buscando un jaguar" en Instagram, tendría 500 likes inmediatamente. Pero mi película era otra en este momento. Frente a mí, el delgado curso del río serpenteaba, adentrándose aún más en el bosque.

Una y otra vez, las imágenes de mi sueño de la noche anterior afloraban en mi mente. Viajaba con mi padre en una barca por un río de la selva. Desde lejos, Joao nos saludó y nos advirtió de los peligros. Entonces sentimos que nuestro barco se movía, estábamos sentados en el lomo de un enorme animal. El agua desapareció y volamos hacia el cielo. Le dije a mi padre que lo protegería, pero él quiso saltar y me desperté. Qué sueño tan absurdo. ¿Qué tipo de animal había sido? Algo entre un cocodrilo y un dragón volador, un poco como Falcor en el cuento de La Historia Sin Fin de Michael Ende. También en mi sueño había visto mi propio mundo, como los mundos de Michael Ende.

Tal vez no estaba realmente sentado en una rama en la selva de la transición del Bosque Seco Chiquitano a la región amazónica y esperaba la visita de mi jaguar, sino que estaba soñando mi mundo.

Me sacudí los pensamientos, eran una locura. Si alguna vez bebiera vides alucinógenas, mis mundos se desdibujarían por completo. Cerré los ojos y traté de concentrarme en el aquí y el ahora. Intenté sentir el pulso del bosque, quise oler los mensajes químicos que los árboles se enviaban entre sí, entender las noticias que las plantas se contaban, absorber las vibraciones de los animales dentro de mí y formar parte del conjunto. Unas cuantas hormigas subieron por mi pierna, traté de quitármelas de encima sin perder la concentración. Al mismo tiempo me atacaban los mosquitos en la nuca.

Siempre me había esforzado por entender la función que tenían los mosquitos en el ecociclo, pero no lo he logrado hasta ahora. Mi concentración estaba completamente consumida por el picor de cuello, de piernas, de espalda y de otras partes de mi cuerpo. Quería formar parte de un gran retrato, pero ni modo, me tocó vivir la realidad.

De repente oí un crujido detrás de mí en los arbustos. Sonaba como los pasos de un gran animal. Me di la vuelta, pero no vi nada. Mi corazón se aceleró. Qué miedoso era. Esa experiencia en la selva empañaría mi imagen de mí mismo para siempre. El crujido había desaparecido. Ahora estaba de vuelta, incluso más cerca que antes. Me levanté con cautela, buscando una salida, cuando la risueña Mabai salió corriendo de los arbustos. Me sentí tan aliviado, tan infinitamente feliz de no estar solo aquí, que me hubiera gustado abrazarla, besarla y no soltarla nunca más.

Se sentó a mi lado en la rama, desenvolvió dos plátanos y me dio uno.

—Pensé que tendrías hambre —dijo con coquetería.

Mientras intentaba volver a controlar mis impulsos corporales, pelé uno de los plátanos. Entonces sentí que me quitaba la cáscara de plátano de la mano, la deslizaba sobre mi pierna y luego la lanzaba hacia atrás, hacia los arbustos. Sin palabras, sus ojos hablaban más de lo que yo jamás había escuchado de ella con palabras. Brillaban de tal manera que no podía apartar los ojos de ella. Me agarró la mano y mordió el plátano que había pelado justo antes. O había pelado el plátano por mí, ya no lo sabía, sólo podía mirarla. Ni siquiera pude sentir las hormigas y los mosquitos.

Si antes me había sentido en trance, ahora había perdido completamente el sentido del cuerpo. Mi cabeza se inclinó hacia delante y buscó su boca. Ella se volvió hacia un lado y me dio un tierno beso en el cuello. Una y otra vez mi boca buscaba sus labios y una y otra vez se escapaban y se posaban en otras partes de mi cuerpo, revoloteando como mariposas por mi frente, mi brazo y luego hasta mi oreja izquierda. Un ligero aliento en mi oído me hizo estremecer. Ahora agarré su cara con ambas manos para poder saborear por fin sus labios. Nuestras lenguas se entrelazaron como sólo las boas bebé más salvajes podrían hacerlo. Las reglas del amor también funcionaban igual aquí, si no más mágicamente. Fundirme con mi entorno tampoco era algo que hubiera soñado y, sin embargo, nunca me había sentido tan fusionado con mi entorno en toda mi vida como en ese momento. Ya no pude soltarla y me hice uno con ella mientras nuestros cuerpos volaban hacia el cielo.

CAPÍTULO XI

En el desayuno, Bernardo no hizo ninguna pregunta. Como de costumbre, comió su plato rápidamente, se levantó y se preparó para ir al monte. ¿Realmente no habrá notado mi aventura? Mabai y yo no habíamos vuelto juntos, por supuesto, la había dejado avanzar y esperé un momento. Nadie me preguntó por el jaguar. Probablemente todos estaban convencidos de que nunca lo encontraría de todos modos.

En las semanas siguientes, salí al bosque al menos cinco veces más cada cuatro días. Solo. Mabai sabía que estaba allí, pero ya no me seguía. ¿Quizás nuestra aventura sólo había sido una vez? ¿Debería acercarme a ella directamente o invitarla? Estaba indeciso y preferí concentrarme en mi jaguar exterior antes que dejarme llevar por mi jaguar interior. Sin embargo, me emocionaba mucho el recuerdo de aquella mañana.

Siempre caminaba a la misma hora, encontraba el camino cada vez más fácil y me sentaba en la misma rama gruesa. En mi búsqueda en el lecho del río había descubierto huellas, pero no se parecían a las del jaguar que William me había mostrado. Cada caminata duraba unas tres horas, y siempre esperaba en silencio y escuchaba los sonidos de la selva. Aunque no apareciera ningún jaguar, estos momentos seguían siendo mágicos. Reconocía más y más pájaros, el pequeño tucán color negro-rojo-oro, lo llamé Tucán Alemán, el pájaro luminoso de color naranja neón y también las mariposas. En la historia de Juan, los tres hombres se habían adentrado en el bosque durante tres días. Ni tres horas ni cada cuatro días. Sabía que tendría que pasar la noche aquí también para encontrarlo o para que él me encontrara.

Pero no tenía una carpa. Esos tres hombres tampoco tenían una carpa, sino un simple plástico. Pero ¿cómo iba a pasar la noche allí sin que me piquen los insectos? No cerraría los ojos de preocupación. ¿Y sería mejor que me quedara en un lugar toda la noche? De lo contrario seguramente me perdería. ¿Juan estaría de acuerdo con acompañarme en algo así?

¿O ya era demasiado viejo? Decidí aprovechar mis excursiones matutinas para meditar mejor mi estrategia. En cualquier caso, podría explorar con más detalle el terreno alrededor del curso del río para encontrar el camino. La temporada de lluvias se empezó a instalar, llovía cada vez con más frecuencia y cada vez era más difícil caminar por ese lugar sin embarrarse. Con el agua llegaron más insectos de todos los colores y tamaños. A esas alturas podía distinguir cuatro tipos de mosquito. Los mosquitos violinistas que producían puntitos redondos que escocían, probablemente los más famosos de su especie; sus primo-hermanos también se sentían en casa en Alemania. Luego estaban los pequeños y silenciosos mosquitos, yo los llamaba "los traviesos", uno no podía verlos y, zas, te habían chupado tu sangre; extrapolando mis 11 picaduras del pie, en ese momento habrían cabido 46 picaduras una al lado de la otra en mi pierna izquierda; estas pequeñas criaturas o marihuís aún no habían conseguido conquistar Alemania, yo tampoco les mostraría el camino. Ah, y luego estaba el número tres, el japutamo; sí, los biólogos protestarían porque no era un mosquito, pero sus picaduras podían competir con las de los mosquitos; estos pequeños parásitos subían por las piernas desde la hierba, dejando un hermoso círculo rojo y un pequeño punto del mismo color en el centro, como después de una donación de sangre; eso era, una donación de sangre involuntaria para pequeñas criaturas, sin las cuales la experiencia en la selva sería un mundo más agradable. Y el último de mi lista era el mosquito tigre, que no tenía nada en común con el jaguar y nada más que rayas con el tigre; el Aedes aegypti picaba igual que el mosquito común, pero en su largo viaje desde África hasta América Latina había creado un increíble menú de patógenos, al que cada año se añadían nombres más complicados, lo que le otorgó el récord Guinness de muertes causadas por animales. Cualquier picadura del menú dejaba una mancha roja ordinaria que escocía, pero a veces venía con una guarnición sorpresiva: dengue, paludismo, zika o chikungunya.

En comparación, el peligro de serpientes o arañas era realmente ridículo. Aun así, no me atreví a poner un pie en el agua turbia del lecho del río. No, de alguna manera mi estrategia tenía que ser planificada de forma diferente, tendría que pasar una noche en el bosque, mis pequeñas excursiones de un día no me acercarían a mi objetivo. Sin embargo, en aquel momento no me imaginaba que aquella noche en la selva cambiaría fundamentalmente la vida del pueblo.

CAPÍTULO XII

Estuve esquivando el momento durante un mes más o menos, escapando de mi noche en la selva con excusas cada vez más ingeniosas. En ese lapso había visitado a Juan unas cuantas veces, tratando de averiguar más sobre esa noche, la experiencia exacta, lo que había oído y visto, y sobre todo quería saber si me acompañaría en una noche en la selva. Ha- bía acordado conmigo mismo intentar una primero y luego
aumentar a dos o tres. Por fin había llegado el momento.

Había algo misterioso en la calma que irradiaba Juan. Muchas de mis preguntas quedaron sin respuesta, o al menos no entendía sus respuestas. Tal vez esa era la diferencia cultural, o tal vez era intencional y se suponía que no debía obtener respuestas de comida rápida preempacada, sino cocinar laboriosamente las decisiones yo mismo. Algo similar ocurrió con la cuestión de la escolta. Le había preguntado con mucha cautela si se le ocurría alguien del pueblo que pudiera pasar una noche en la selva conmigo. No recordaba su respuesta exacta, en cualquier caso, no la había entendido. Después, le pregunté directamente si él ya no cazaba en la selva como antes. Me había mirado a los ojos y me había dicho que "el camino se hace al andar, sigue adelante muchacho y encontrarás lo que buscas". En mi idioma, eso sonó como un *no* en comunicación indirecta. Ahora podría interpretar eso de diferentes maneras. O bien Juan era muy sabio, creía en la providencia del universo, y su mensaje era *ten fe*, o simplemente no tenía ganas de seguir hablando conmigo del tema, en cuyo caso su mensaje era por favor, *déjame en paz con estos temas*, o tal vez me veía desesperado y tampoco sabía cómo ayudarme, en cuyo caso tal vez quería decirme *tampoco tengo idea de cómo vas a encontrar a este jaguar, sólo haz algo.*

De todos modos, así no llegaba a ninguna parte. Sabía que los demás comunarios no creían en la leyenda, pero de vez en cuando alguno se iba al bosque a cazar, alguien podría pasar la noche conmigo en el bosque. ¿Y Mabai? ¿Me acompañaría? Sí, ciertamente. Pero al hacerlo no me encontraría más que con mi jaguar interior. Tenía que encontrarme con Mabai de otra manera, ya me preocuparía de eso más tarde.

Cuando volví, vi a Bernardo bajando un coco de la palmera de detrás de la casa, me acerqué a él y le pregunté directamente si no me acompañaría en una noche de selva.

—Gringo, el bosque es peligroso. ¿Realmente quieres pasar la noche allí?

—Sí.

Me miró pensativo y luego dijo:

—Ven conmigo.

Con estas palabras, me llevó a la casa de Jacinto, el cacique. Ya habíamos ayudado varias veces a don Jacinto a pelar yuca. Él vivía con Salma y Moisés unos 200 metros más allá, hacia el arroyo. Este mismo arroyo se secaba en la época de sequía por el atajado de Joao y ahora consistía en un hilito de agua que se abría paso laboriosamente entre las piedras, deseoso de dejar algo de humedad en el suelo.

Alrededor del arroyo crecían enormes helechos, del tipo que solo se imaginaba en Parque Jurásico. Debajo, crecían más enredaderas, pequeñas plantas con flores redondas amarillas y, por encima del agua, las ramas de un tajibo se extendían como si quisieran proteger el arroyo de la desecación. En definitiva, un lugar muy romántico, yo también habría elegido este lugar para construir una casa o al menos como lugar natural para mear.

Jacinto estaba sentado en un taburete y por lo visto

había cosechado miel silvestre. Estaba ocupado vertiendo la masa de panal en un tarro de aceitunas vacío.

Siempre estaba contento cuando íbamos, aunque nos encontrábamos con él casi todos los días. Hablamos de la yuca, de la lluvia, de los niños, de la enfermedad de la vieja doña Anita que, según los comunarios, había sido golpeada por un mal de ojo y ahora estaba muy demacrada, y empecé a preguntarme por qué Bernardo quería ir ahí conmigo.

—Hola, tío —le saludó Bernardo—. ¿No vas a contarle a nuestro amigo la historia?

Jacinto le guiñó un ojo a Bernardo y luego me miró directamente.

—Sí, sí, debería habértelo dicho hace mucho tiempo. Yo también estaba allí en el bosque —dijo Jacinto despreocupadamente—, cuando Miro desapareció.

Intenté reiniciar mi cerebro, que se había paralizado por el calor.

—¿Fuiste tú? Pero... ¿Por qué Juan nunca me lo dijo? ¿Qué han vivido? ¿Qué pasó con mi abuelo?

—Sabes, muchacho, en la selva todos los rastros desaparecen más rápido de lo que el colibrí bate sus alas. No sé si a tu abuelo lo arrastró el río cuando fue a bañarse por la mañana, o si lo atrapó un animal, pero la transformación, bueno, sólo Juan cree en eso.

Jacinto volvió a centrar su atención en su miel, entretanto había guardado casi todo lo que había en el tarro y se chupaba los dedos como un niño pequeño lamiendo la masa de un pastel.

Había estado allí, increíble. ¿Por qué me enteraba de esto ahora? Estoy seguro de que Juan no quiso decirme quién había sido el tercer hombre del grupo para que la historia no se destruyera de nuevo. Miro, Juan y Jacinto, los tres caza-dores. ¿Se habían peleado después de esa noche? Había tres hombres, uno desaparece y los dos restantes no se ponen de acuerdo en la versión de lo que le ocurrió a su amigo. ¿Qué le habían dicho a la familia? Igual que a nosotros, les dirían, "murió", así de fácil. No creo que alguien de aquí pudiera haberlo aceptado. ¿Acaso la vida no valía nada?

No morimos, así como así, nuestros cuerpos son perfectos, nuestros instintos están programados para la super- vivencia, todo en nosotros busca la vida, no la muerte. Y si morimos de forma inesperada, la gente siempre está triste, los hijos, las hermanas, los padres, los amigos o las sobrinas.
¿O no lo estaba?

—¿Podrías contarme cómo fue esa noche? ¿Qué hacías cuando no podías encontrar a mi abuelo? —intenté indagar más en los recuerdos de Jacinto.
Me miró pensativo, había una pesadez en el aire.

—Realmente tu abuelo ya no estaba allí. Lo busqué todo. Incluso volvimos con otros comunarios y el lugar estaba muy lejos, nos llevó todo el día y buscamos durante días.

Se podía percibir claramente que no le gustaba este tema. Me atreví a hacer una pequeña pregunta más.
—¿Y entonces qué hiciste?

—Buscamos durante una semana en total, cinco personas se quedaron en el refugio y buscaron todos los días, a ambos lados del río. No encontraron nada más y finalmente se rindieron. Llamamos a tu padre en Alemania y luego hicimos un funeral.

Una pequeña brisa de justificación agresiva resonó en el trasfondo, por lo que tuve que dar por cerrado el tema también esta vez. No me gustaba empujar a la gente a hacer algo que no quiere hacer, aunque el tema hubiera sido muy importante para mí. Así que no profundicé más en ello.

Estaba a punto de despedirme cuando Salma salió de la casa con una hamaca beige hecha por ella misma y unas cuerdas.

—Toma, querías que te prestara esto, ¿no? —añadió

amablemente.

Hasta entonces no sabía que quería que me prestaran una hamaca, pero tomé las cosas con agradecimiento y volví con Bernardo. Me guiñó un ojo y me llevó de nuevo a casa.

Dos noches más tarde estaba sentado en la hamaca m rando el lecho del río seco, mi noche de la selva comenzó.

Había atado los extremos de la cuerda a dos árboles como me había explicado Salma, muy apretados y a una buena distancia del suelo. Intenté laboriosamente alargar las perneras de los pantalones y las mangas de las camisas para que no hubiera más espacio para las picaduras de los mosquitos. Justo a mi lado había puesto el machete, así que me sentía un poco más seguro en toda esta incertidumbre. En las excursiones turísticas a la selva, te daban una lista de 36 cosas imprescindibles para empacar. Desde curitas, pastillas Immodium y profilaxis contra la malaria hasta antorchas, contenedores de agua, poncho para la lluvia, botas de goma, fósforos y papel higiénico. La lista de equipaje de Bernardo incluía tres cosas: hamaca con cuerdas, machete y un "cuídate mucho".

Ahora estaba sentado con una sensación de mareo, una mezcla de miedo y excitación entre la rabia, *cómo pude ponerme en esa situación*, y la impaciencia. Cerré los ojos y traté de asimilar mi entorno. Escuché la orquesta de la selva, oí los sapos y los grillos entre los cantos de pájaros y un suave susurro de los árboles. Sin embargo, lo más claro fueron mis pensamientos salvajes. Así es, cuando no hay nadie más cerca, tienes que escucharte a ti mismo. Volví a concentrarme en mi alrededor. Como en un concierto, los sonidos vagaban por los arbustos, un crujido se apagaba y al otro lado comenzaba a cantar el siguiente enjambre de grillos. No conseguí fundirme del todo con mi entorno porque aparecieron ante mí innumerables situaciones aterradoras, de modo que lo único que podía oír era el latido de mi propio corazón. No me atrevía a moverme ni un metro de mi hamaca y empecé a hacer algunos ejercicios de respiración. Uno, dos, tres, mantener

durante diez segundos y exhalar, uno, dos, tres, de nuevo.
¿Tal vez debería volver? Esta era la locura de mi juventud,
seguramente muchos años después no podré creer en mi propia tontería. Esperaba que se convirtiera en recuerdos sanos.
Quién sabía cómo iba a terminar todo esto. ¿Cómo pude ser
tan testarudo? Me sacudí estos pensamientos e intenté rela-
jarme de nuevo.

Uno, dos, tres..., cuando oí un rugido sordo. ¿Qué animal
emite esos sonidos? Oí cómo se rompían las ramas y crujían las
hojas, afortunadamente estaba a cierta distancia. El rugido
pareció alejarse. Poco después lo volví a oír y se hizo más fuerte,
como un zumbido constante antes del estruendo de un trueno,
pero el cielo estaba estrellado. Las ramas volvieron a crujir, el
ruido se alejó de nuevo y fue entonces cuan- do reconocí el sonido. Me parecía tan poco familiar después de unos meses en la
comunidad que no me fue fácil darme cuenta. Después de un
rato supe que era un camión, estaba seguro. ¿Qué hacía aquí
un camión, o incluso dos? Ningún camión se había acercado al
pueblo desde que yo estaba allí. Además, este venía desde otra
dirección. La comunidad estaba al sur de donde había colgado
mi hamaca, pero el sonido del camión venía del este. Muy extraño. No creo que hubiera otro pueblo, ya lo habría sabido.
¿No es así? ¿Qué sabía yo? Cuando creía que estaba familiari-
zado con la cultura y el en- torno, volvían a ocurrir cosas que
ponían mi mundo patas arriba. Y así fue ahora. Como
cuando entra el vendedor de helado en el cine, no encaja, es
un factor disruptivo. Había tanto que no sabía.

No sabía si podría sobrevivir ahí o no, sobre todo no
tenía ni idea de cómo rastrear un jaguar, menos a uno que
podría no existir y que incluso los comunarios no podían encontrar.

Mi curiosidad me impulsó a seguir adelante. Estaba
decidido a averiguar qué estaba pasando allí. Agarré mi ma chete
y me dirigí lentamente hacia el zumbido. El sonido se había
desvanecido, pero aún podía distinguir la dirección. Era imposible caminar en línea recta por el bosque. Así que retrocedí

un poco por el camino hacia la comunidad y luego me desvié por otro pequeño sendero que se ramificaba a la izquierda, apenas visible. Durante mis numerosas visitas al amanecer, había memorizado todas las ramas posibles. Después de unos 15 minutos llegué a un corte que mostraba huellas de neumáticos recientes.

Una movilidad debe haber pasado poco antes. La luna creciente daba a las hojas un brillo plateado y yo caminaba con cuidado por el sendero. Poco después oí voces, ruidos de motor y un estruendo metálico. Me aventuré a acercarme un poco más hasta poder ver lo que ocurría. A estas alturas debía de estar al menos a tres kilómetros del pueblo.

Lo que vi fue una confusión salvaje. La gente corría de un lado a otro. Allí no había dos, sino cinco camiones, todos siendo descargados a la vez. La carga, sin embargo, era muy diferente de lo que hubiera esperado. No había plátanos, papayas, quintales de harina, madera tropical o cualquier otra mercancía que esperaría encontrar en un camión en esta zona. La carga consistía en personas. Eran multitudes increíbles, ¿cómo habían cabido todos en las plataformas de carga? Uno a uno, salieron de debajo de una gran lona azul como un hormiguero asustado. Las antorchas y los faros de las furgonetas iluminaban la escena como si fuera un teatro. La mayoría eran hombres, pero también había algunas mujeres, todos jóvenes, sin niños. Llevaban sacos o un aguayo a la espalda, su equipaje.

¿Qué hacía tanta gente aquí en medio de la selva? Aquí no había ningún pueblo (excepto el pueblo Arawak que estaba a 3 km), no había electricidad ni agua, ¿qué hacían aquí?

En cualquier caso, no parecían exploradores. Iban vestidos como la gente que ya había observado en San Cristóbal. Las mujeres llevaban una falda hasta la rodilla y el cabello en dos largas trenzas atadas en la espalda con una cinta de color. Los hombres llevaban abarcas, unos sencillos pantalones de tela doblados una vez en la parte inferior y una camisa. Todavía no podía entenderlo. ¿Qué hacían aquí 500 personas en plena noche en una zona tan inhóspita? ¿Eran un peligro?

¿Debía alertar a los Arawak? ¿Era esto normal? ¿Se irán de nuevo cuando hayan hecho sus quehaceres? Me parecía que no. Llevaban grandes fardos, también ollas, arroz y otros artículos que más bien indicaban que iban a quedarse.

Miré la escena de la película durante algún tiempo y decidí que ni ellos ni yo parecíamos peligrosos. Siempre se ven gringos perdidos en la selva, ¿no? Respiré profundamente y caminé lentamente hacia el camión. Me acerqué a una joven que estaba dejando su aguayo y sacando un trozo de charque de él. Obviamente quería llevárselo a alguien, ¿quizás a su marido? ¿O hermano?

Di pasos extraruidosos en la hierba, después de todo no quería asustar a nadie. La mujer se volvió hacia mí y luego volvió a buscar algo en su bulto. Cuando ya estaba muy cerca de ella, se volvió de nuevo y me miró con desconfianza.

—¿Qué estás haciendo aquí?

Eso quería preguntar yo, pero su pregunta era válida.

Me aproveché de esta situación.

—Ustedes, ¿qué están haciendo aquí?

—No es asunto tuyo.

—¿Quieres que te ayude a descargar? —Ahora interrumpió su búsqueda y me miró fijamente.

—¿Qué quieres?

Como tantas veces, quise triunfar con mi estrategia de la verdad directa, pero en este caso parecía demasiado improbable que me creyera. Y si no me creía, probablemente no me diría lo que estaban haciendo en la selva. Un gringo solo en la selva buscando una encarnación de su abuelo en forma de jaguar y se le ocurrió ver qué hacía el camión. No, eso sonaría inventado. Así que tuve que pensar en algo que sonara menos falso. Me decidí por un trozo de verdad, un trozo de fantasía.

—Trabajo en la granja de Joao allá y él me prometió pasar una noche en la selva conmigo un día. Él está allí y duerme en nuestro campamento nocturno. Entonces yo escuché un ruido y vine.

—Aquí no hay ninguna granja, esta es nuestra tierra — replicó la mujer como si fuera un pedazo de pizza congelada: frío, rápido e insípido.

—¿Creí que esta tierra pertenecía a un pueblo indígena? —dije, tratando de sonar lo más ignorante e ingenuo posible. Tal vez sí lo era también.

—La tierra pertenece a quien la trabaja. Los indígenas no hacen nada con ella, así que la ocupamos nosotros.

Se sintió visiblemente incómoda con nuestra charla, recogió su aguayo y el trozo de charque y se dirigió al grupo de personas que seguía descargando fardos de los camiones. Decidí no provocar más encuentros desagradables, pero ya estaba alarmado con la poca información que tenía. Lo que había averiguado con la ayuda de Archie en mi investigación, y que Bernardo me había confirmado, era que sólo una pequeña parte de su tierra había sido reconocida oficialmente a los Arawak.

El resto formaba parte de su territorio ancestral desde tiempos inmemoriales, pero el título oficial de propiedad llevaba 20 años durmiendo en el Instituto Nacional de Reforma Agraria y sólo podría pasar por el molino burocrático hasta la recta final de dos maneras: con dinero o convirtiéndose en miembros del partido. Preferiblemente las dos cosas, pero ambas eran imposibles para los Arawak. Sólo podían acceder a la torta si se unían a una de las asociaciones de campesinos progubernamentales, y eran estas las que bloqueaban la emisión de cualquier título de tierra que no fuera para los suyos. Un asunto complicado.

Y los Arawak ya habían vendido parte de este territorio demasiado pequeño a Joao. Todavía no me lo podía creer. O bien esta lógica de tramitar papeles para tener la propiedad de la tierra les resultaba extraña en su cultura o la necesidad de dinero era demasiado grande. Ya había sacado el tema una vez, hace un mes. Nos habíamos reunido con Bernardo, María, Salma y Jacinto frente a la casa de William y hablamos de la pérdida de la cosecha de plátanos arrastrada por el río en las últimas lluvias torrenciales. Cuando la conversación giró en torno a la tierra cultivada y la falta de dinero, aproveché para preguntar sobre la venta de la tierra a Joao.

La respuesta que me dieron fue sencilla, pero al mismo tiempo sosteniblemente fatal. El anterior cacique había tenido una esposa enferma y necesitaba llevarla urgentemente al hospital de Santa Cruz. Había viajado sin medios y sin seguro médico. En Concepción le hicieron una oferta tentadora para su tierra, firmó, obtuvo dinero en efectivo y pudo salvar a su esposa.

—¿Y cómo reaccionó el pueblo cuando se enteró? —pregunté, además.

—El pueblo eligió un cacique nuevo.

La historia sólo me llevó a una profunda crisis ética, una crisis por la que probablemente había tenido que pasar el propio pueblo. Por supuesto, un cacique no podía vender las tierras de su gente, ganada con tanto esfuerzo, y menos sin una votación en la asamblea. Además, la ley no permitía que la tierra comunitaria se vendiera por partes. Una venta de tierras podría significar la lenta desaparición de los Arawak y su cultura. ¿Pero debería haber dejado morir a su mujer?

Tuve que volver a desenterrar de mi interior mi juicio ya empaquetado y guardado, desmontarlo, quitarle el polvo y volver a empaquetarlo. Había algunas frases que caían con fuerza a la tierra, frases que había enterrado en lo más pro- fundo de mi ser porque apenas me había permitido pensar- las. La realidad era muy diferente a como me imaginaba el mundo.

Me sentía tan estúpido y mal en esta situación que hubiera preferido desaparecer en la tierra. ¿Qué sabemos de las vivencias de las personas, cómo podemos presumir de juzgar y condenar una situación? Quién era yo, Ayo, un pequeño enano ignorante que intentaba categorizar el mundo, dándose cuenta de que el mundo volaba libre como una mariposa.

Media hora después estaba de vuelta en el pueblo, había

casi corrido en el camino de regreso, quería contarle rápidamente a Bernardo, o mejor a Jacinto, como cacique, de mi descubrimiento. ¿Tal vez puedan detener a los intrusos? ¿O eran realmente acuerdos legales? No podía imaginarlo.

Al menos sería mejor haber avisado por demás que no avisar.

Sin embargo, cuando estaba frente a la casa de Jacinto, en la oscuridad, no toqué la puerta. Giré a la izquierda y caminé hacia otra cabaña. Me detuve frente a la ventana protegida por una mosquitera y llamé por su nombre en voz muy baja, el nombre que me volvía loco en mis fantasías. Observé su silueta a la luz de la luna. Qué hermosa que era. Lentamente se despertó y sonrió al verme. Mi corazón latía con fuerza y por todo mi cuerpo pasaban corrientes de calor. Lentamente entré a su cabaña.

Al amanecer me desperté en la hamaca frente a la cabaña con una sonrisa de satisfacción absoluta. Con cuidado y en silencio, me levanté y me dirigí hacia donde estaba Bernardo. Se paró frente a su casa y observó el cielo rosado del amanecer.

—Pareces muy emocionado, Ayo, ¿has encontrado tu jaguar? —preguntó Bernardo.

—No, tío —le dije, era el modo como había llegado a llamarle—. Vi algo más.

Le conté mi observación de los camiones y vi las líneas de preocupación que se extendían por su rostro. Inmediatamente corrimos juntos hacia Jacinto para que el directorio y el consejo de ancianos tomaran una decisión. Se requería una acción rápida y poco después María y William fueron enviados hacia los camiones mientras Jacinto se preparaba para viajar. Sin duda, este asunto debía resolverse a otro nivel. Mientras tanto, me acosté en mi estera, agotado de la noche anterior. Las imágenes de la noche aparecieron en mi interior como una presentación de diapositivas. Un cansancio aplastante me venció. Pensé que tendría que recoger la hamaca, aún estaba colgada en el claro. El cóctel de emociones había sido demasiado. La esperanza de acercarme a mi objetivo, el miedo, la soledad, la rabia, la frustración y al final el amor. ¿Qué relación tenía con Mabai? ¿Qué pensaba ella? ¿Qué esperaba de mí? ¿Cuánto tiempo iba a durar esto?

¿Qué quería realmente de ella y con ella? ¿Qué pensron los demás comunarios? ¿O no se habían dado cuenta? Todo era demasiado para mí, estaba agotado y caí en un sueño profundo pero inquieto.
William me despertó.

No sé cuánto tiempo había dormido, era poco después del mediodía. Recogí la hamaca y luego de un momento estaba en un jeep, emprendiendo un viaje por primera vez en muchos meses a zonas donde la gente había civilizado la naturaleza. Éramos cuatro, Jacinto como cacique, William como apoyo y cacique segundo, Bernardo y yo, ya que, en su opinión, como gringo, podría acceder más fácilmente a las autoridades y debería demostrar mis habilidades para hacer mapas. Nuestra misión no era precisamente sencilla: comprobar si los títulos de propiedad eran legales y, si no lo eran, hacerlo público y demandar a los intrusos. Si fueran legales, entonces el pueblo tendría que buscar otras estrategias.

CAPÍTULO XIII

Estación número uno: la Municipalidad de Concepción. Incluso esta pequeña ciudad me pareció increíblemente ajetreada y sucia, con sus numerosos mototaxis, las monta- ñas de basura al lado de la carretera y el ruido, al que ya me había desacostumbrado en el pueblo. Mi sensibilidad llegó al nivel de mi antigua profesora de estudios sociales, la señora

Klauke, que se encogía en cuanto acomodábamos las sillas.

Había dormido la mayor parte del largo camino. La noche anterior, aún la podía sentir. En el trayecto levanté un poco la cabeza y pude mirar por la ventana el paso de las copas de los árboles por encima de mí, y luego las amplias extensiones de tierra de cultivo. Todo eso me había parecido algo familiar de nuevo. Ahora estaba intentando desesperadamente, como un niño, que mi teléfono móvil volviera a resucitar. Había podido utilizarlo de vez en cuando, cuando subía la colina. Afortunadamente, tenía algo de energía, pero no había señal de Internet. Mis compañeros se detuvieron frente a una cabaña en el extremo norte del pueblo, desde donde ya se veían las grandes rocas planas a las que de vez en cuando se desviaba algún turista. Pero el turismo no era para mí. Todavía estaba confundido, por supuesto que tenía que apoyar al pueblo, a mis antepasados, pero no estaba más cerca de mi objetivo personal. Pensé que tal vez podría comprar algunas trampas fotográficas en Santa Cruz que me ayudaran a encontrar el jaguar.

—Puedes dormir aquí —dijo Bernardo, señalando una

estructura metálica con un colchón de esponja que tenía una hendidura en forma de huevo en el centro.

Ya estaba acostumbrado a las camas duras, pero en esta funda esponjosa me sentía como una pantalla de televisión en plastoformo lista para ser entregada.

Antes de que pudiera dejar volar mi imaginación, estaba sentado con William, Bernardo y nuestros anfitriones en sillas de plástico al lado de la carretera principal mientras la carne asada nos miraba. Jacinto se había retirado a donde sus familiares. Aproveché la oportunidad, desaparecí en una tienda de teléfonos móviles a la vuelta de la esquina y salí poco después con una nueva tarjeta SIM. La compañía tele- fónica ya había cancelado mi número pues llevaba demasiado tiempo sin usarse. Desmonté distraídamente mi teléfono móvil sobre la mesa, junto a la Punta de S recién cortada, que ya tenía que compartir el reducido espacio con cinco vasos de plástico, una botella de Sprite de 2 litros, una mancha de llajua, yuca hervida, arroz con queso y otros cuantos trozos de carne que mi familia alemana habría comido durante una semana entera. Camila, la esposa de nuestro anfitrión Camilo, una elección perfecta de nombre, por cierto, nos informó sobre un proyecto de producción de queso de su organización Mujeres de Concepción en la Producción de Lácteos, MUCOLAC. Habían sido formadas en INFOCAL e incluso tenían un premio por su queso. Cuando hace más o menos dos años quisieron crear una organización de mujeres para la producción de leche entre los Arawak, fracasaron por la falta de agua para la "vaca holandesa", la que da más leche, y volvieron al ganado cebú, que se las arregla con la mitad de agua, pero sólo es rentable en su carne. Entre 80 y 100 litros de agua al día por vaca lechera habrían sido posibles antes de la venta de tierras a Joao, pero con un cauce seco y cada vez menos lluvias, la falta de agua no sólo era una preocupación para las vacas.

Con las manos grasientas y carnosas, recompuse mi te-léfono móvil y, tras volver a registrarme, intenté comprar un paquete de Internet y volver a estar presente en la vida de mi familia.

Estoy seguro de que mi madre ya había removido toda la tierra de nuestro jardín por pura preocupación, después de todo, Alemania pronto sería premiada con los primeros días cálidos de la primavera. Conseguí vincular mi WhatsApp, pero hasta el final de la cena no terminaron de descargar mis mensajes en mi Samsung Galaxy. Envié un mensaje en audio para no despertar a mis familiares a medianoche y escuché los mensajes seleccionados. Mi hermana me había enviado una grabación, pero tuve que detenerme mientras la escuchaba. A mi lado oí la voz de un hombre en dialecto alemán. Sonaba a bajo alemán o algo así. Lo cierto es que en- tendía muy poco. Dejé mi teléfono móvil a un lado, miré a mi alrededor y descubrí a una familia en la mesa de al lado que parecía haberse transportado a este presente en una máquina del tiempo 200 años atrás. Eran diez rostros de hombres y mujeres, pajizos, de ojos azules, pálidos. La versión masculina vestía overol azul planchado, camisa de cuadros, botas de obrero color café y un sombrero de paja. Las mujeres lleva- ban vestidos sueltos, inacentuados, en aburridos tonos grises y marrones, calcetines hasta la rodilla y sandalias, y tenían el pelo artísticamente trenzado y recogido, con la parte final del peinado oculta bajo un pañuelo. Me parecía maravilloso mirarlos. El niño más pequeño tendría unos tres años y los más grandes parecían adolescentes, a ellos se sumaban sus padres,
¿o también había tíos?

Me concentré en el idioma y traté de captar algunos retazos de palabras. Lo único que entendí fue la palabra Neuland, sea lo que sea que intenten decir. Puse mi teléfono móvil en modo grabación y registré discretamente algunas frases de la conversación. Quería volver a escuchar este toque de patria más tarde, sonaba demasiado divertido para los oídos de un alemán. Y todo eso en el noreste de Bolivia, donde se espera escuchar el español y alguna de las 36 lenguas indígenas, o quizás algunas palabras en portugués debido a la proximidad geográfica con Brasil.

Mi pequeña investigación fue interrumpida por una mesera de unos 10 años de edad. Todos pusieron algo de dinero en el centro de la mesa, con el que la niña morena des- apareció tímidamente en la cocina. No sabía cuánto dar. No habíamos discutido si invitaríamos a nuestros anfitriones o quién pagaría qué cosa. ¿Cuánto había costado la carne? De todos modos, necesitaría urgentemente un cajero automático, pero podría ocuparme de eso al día siguiente. Simplemente puse 15 bolivianos en el medio, como los demás.

El día posterior resultó ser bastante estresante. No tenía idea de cómo se verificaba la propiedad de un terreno, ¿quizá a través de una base de datos de Internet o de un mostrador de una institución pública con una amable señora o un joven brillante en la recepción? Tampoco me quedó claro hasta dónde llegaban las responsabilidades, qué podríamos averiguar aquí en Concepción, como capital de provincia, y qué en Santa Cruz, como capital de departamento. ¿O también había cosas que debían resolverse a nivel nacional?, ¿Tendríamos que ir a La Paz o a la capital del país, Sucre? Sería emocionante, pero mi objetivo real era muy diferente. ¿O no lo era? Los invasores estaban deforestando la selva y el jaguar se estaba retirando, así que proteger el territorio Arawak estaba directamente relacionado con lo que yo quería hacer. ¿Era la ecuación tan sencilla? Lo frágil que era este entramado había quedado claro a partir de esta dudosa venta de tierras a Joao, y quizás de otras cosas de las que aún no me había dado cuenta. Y todo estaba a punto de complicarse más.

Me enteré de que Jacinto se había reunido con la asociación de ganaderos y ahora estaba de regreso a Cañada Larga. Probablemente había muchas obras de las que ocuparse al mismo tiempo, así que dejó la responsabilidad de abordar el problema de los derechos sobre la tierra a William, como cacique segundo del pueblo. Sospechaba que Jacinto, a su avanzada edad, ya no era capaz de soportar todos estos viajes.

Nuestro primer punto era don Martín, a quien todos llamaban simplemente El Profe porque había enseñado en la escuela primaria local toda su vida hasta que se jubiló. Era un hombre sencillo, con profundas arrugas en la cara, piel curtida por el sol y un sombrero de saó. Le estimé en 1,60 metros y vi que él también, como casi todos, llevaba abarcas. Pensé que tal vez debería probarlas yo también. Cuando llegamos, estaba sentado con su mujer, Juana, y unas diez personas más frente a su casa en unas sillas hechas con un armazón de me- tal en el que se habían trenzado cuerdas de plástico que servían de asiento y respaldo. Si los cordones se separaban, uno tenía que luchar para liberarse de la trama y a veces podía terminar con el trasero un poco más bajo.

El Profe se alegró de nuestra visita, era obvio que conocía a William, inmediatamente nos ofreció un banco de madera para sentarnos. Me resultaba agradable no tener que prestar por fin ninguna atención especial, sino poder sentarme allí sin participar ni ser observado. El grupo se reía, pero yo no entendía de qué. La gente seguía entrando y saliendo y, tras un rato de charlas en diferentes grupos, William empezó a contar de nuestra preocupación. El ambiente se sentía como en un lugar público y no en una casa privada. Se notaba que El Profe era una figura clave en el pueblo. Toda la información importante tenía que pasar por él y a través de él, como el agua a través de los rápidos. Toda la información fue filtrada, reenviada, desviada o embalsada y se eliminaban los escombros arrastrados. Fue inteligente comprobar la situación aquí primero antes de contactar con las autoridades. El Profe sacudió la cabeza y miró un pequeño montón de tierra al lado de su casa donde cantaba un gallo.

—La tierra, sí. Siempre lo mismo. Toman la tierra y después, cuando no queda nada, la vuelven a vender —dijo con simpatía.

—Pero esta vez son bastantes, y vinieron directamente por la carretera de Porvenir.

Seguramente se enteraron de los planes de la nueva carretera del norte y simplemente ya tomaron su trozo de torta —respondió William.

—Compañero, sabes que es diferente, hay conexiones directas hacia arriba. El otro día estuvo allí, El Gordo, sí, el propio ministro. Me dijiste que ya tenían sus títulos de pro- piedad, los migrantes de las tierras altas. ¿Cómo, si no es con muñeca, podrían haberlo conseguido, si ni siquiera vieron esta tierra nunca? Así es como funciona siempre. En algún momento tendrán la mayoría política, entonces no habrá más chiquitanos aquí. El próximo alcalde será un migrante y eso será el fin de nuestra cultura. ¿Sabes cuánta gente de aquí sigue hablando bésiro, nuestra lengua? Sólo esas pocas comunidades de ahí atrás —señaló, con el brazo hacia el este.

—¿Te refieres a Medio Monte, esas comunidades que están detrás de las zonas forestales? —preguntó Bernardo, que estaba sentado al lado de William y seguía la conversación con preocupación.

—Sí, exactamente, este camino que pasa por donde doña Érica y luego sigue recto. Ahora mismo, en época de lluvias, sólo se puede llegar desde el sur por Cuatro Cañadas. —Estiró el brazo y se reacomodó en la silla. Escupió unas cuantas hojas de coca masticadas al suelo y siguió preguntando— Entonces, ¿qué van a hacer ahora, compañeros Arawak?

—Pensé que nos lo ibas a decir, Profe.

—Sí, sí, eso es lo que pensaban mis alumnos de colegio, que les diría todo, pero cada uno tiene que pensar por sí mismo. Entonces, ¿qué quieres hacer ahora? —preguntó don Martín, alias Profe.

—Entonces procederé como lo hice la última vez. Pero antes de seguir, mañana iré a ver a nuestro amigo en la alcaldía, todavía está allí, ¿no? —preguntó William.

—¿Ebbe? Por supuesto, se adapta como un camaleón, si a eso le sumamos su encanto, siempre se quedará en la alcaldía. Él tampoco podrá ayudarte, pero puedes intentarlo.

No hay duda de que deberías visitar el aserradero, ya hicieron algún tipo de trato con tus migrantes —añadió don Martín.

—Lo sabía, amigo, siempre tienes buenos consejos para nosotros. Gracias, que Dios te acompañe y buenas noches. Tengo que llevar a mi gringo a casa antes de que conquiste a las mujeres chiquitanas de aquí —se rio y me llevó a la noche, pero no a casa como esperaba, sino hacia la plaza.

Comimos unas empanadas y luego entramos al edificio blanco que nos miraba justo al frente de la iglesia jesuítica, como si quisiera competir con ella. Un hombre pequeño y larguirucho nos recibió y nos dijo que don Ebbe no estaba allí, que estaba en algún sitio y que volvería en algún momento, que lo intentáramos más tarde. Información clara. Estábamos a punto de salir del edificio cuando leí en un cartel de una puerta: Departamento de Recursos Naturales. Se me ocurrió una idea.

CAPÍTULO XIV

Mabai se sentó frente a mí y estuvo a punto de besarme. Cerré los ojos y sentí su aliento. En ese momento, un enorme jaguar apareció detrás de ella, acercándose con un fuerte rugido. De repente se convirtió en una pala. Yo estaba tirado en el suelo, todo estaba lleno de barro, una gran pala vino hacia mí. El jaguar se acercaba también y mi hermana corría hacia mí para salvarme. Intenté escapar, luego caí en un agujero y me hundí en el suelo.

Qué sueño tan terrible. Me desperté con todo el cuerpo empapado de sudor, tal vez por mi sueño salvaje, tal vez por el calor húmedo del verano tropical. Ningún jaguar rugía, pero mi cabeza sí. Y una excavadora también bramaba, justo delante de nuestra cabaña. Mi teléfono móvil me indicaba las 10:03 de la mañana, hacía tiempo que no dormía tanto. ¿Qué día de la semana era? Mi madre me había escrito. La noche anterior ya me había comunicado con toda mi familia por teléfono y les había asegurado que estaba bien. Miré los mensajes, puse el dispositivo a un lado de nuevo y dejé que mi pesada cabeza cayera otra vez sobre la almohada.

Lentamente, mi mundo reapareció ante mí como una fatamorgana en el desierto, brillante e irreal. Sí, poco a poco me acordaba de las mujeres chiquitanas de anoche.

"Gringo, gringo, baila otra vez". Ellas habían querido bailar una y otra vez, probablemente divirtiéndose con mi estilo de baile. Estuvimos en La Bomba, un bar de karaoke escondido que sólo cobraba vida alrededor de las 11 de la noche.

Bernardo sabía lo que hacía. No recordaba cuántas cervezas y otras mezclas de licor les había pagado a él y a William. Después me convencieron para que cantara, qué noche más loca. Al menos olvidamos el problema del territorio durante un rato porque no habíamos llegado a ninguna parte en toda la tarde. Don Ebbe no apareció nunca. En el edificio blanco nos habían dicho que intentáramos de nuevo hoy.

Entonces recordé que un empleado del Departamento de Recursos Naturales de la municipalidad había grabado algunos archivos en mi USB. Ahora tenía los *shapefiles* para evaluarlos con mi programa de mapas Archie. Con un poco de ayuda de Bernardo y William, había logrado obtener algunos datos geográficos. Me levanté, puse en marcha a mi Archie lleno de expectativas y al mismo tiempo con una fuerte necesidad de disculparme con Archie por haberle dejado desatendido durante tanto tiempo. Era un compañero para mí, con Archie me sentía conectado al mundo.

Mientras el programa se cargaba, salí de la habitación y vi a mis compañeros gesticulando salvajemente en el patio. Salí a la calle. En la siguiente esquina encontré un café instantáneo azucarado y volví a mi habitación. En el USB encontré *shapefiles* con coordenadas de los límites de los municipios y departamentos, información hidrológica y de la deforestación. Cargué los distintos *shapes* simultáneamente a mi programa de cartografía, los visualicé y observé la zona que rodeaba el curso del arroyo seco y el territorio Arawak. Los límites territoriales estaban completamente marcados como su territorio, la tierra de Joao, no. Lamentablemente, no pude determinar la antigüedad de esta información. Me pregun- taba si la venta de tierras a Joao ni siquiera fue registrada oficialmente. ¿Podrían los indígenas simplemente reclamar la tierra de vuelta?

No había señales de nuevos asentamientos en el mapa. Ni siquiera la actual comunidad Arawak estaba marcada, sólo el asentamiento anterior a la venta a Joao, mucho más al sur que ahora.

Cuando examiné la información más detenidamente, encontré una información temporal. Me di cuenta de que estos datos se habían registrado hace 5 años, por lo que necesitábamos información SIG actualizada. Pensé en la forma de conseguir algunas imágenes de satélite Landsat y revisar el progreso actual de los asentamientos, la deforestación y la construcción de carreteras, lo que al menos nos ayudaría a ver qué rutas utilizaron los inmigrantes y cómo cortaron sus franjas a través del bosque. Pero no podríamos ver los patrones de propiedad actuales en el proceso. Era extraño que el municipio de Concepción no tuviera estos datos, cuando este terreno formaba parte de su municipio.

Justo cuando estaba a punto de configurar un hotspot móvil en mi teléfono y buscar las últimas imágenes de satélite, William tocó la puerta:

—Gringo, ven, vamos al aserradero ahora.

—Genial, ya voy —me limité a decir. Me despedí amistosamente de Archie y le prometí prestarle toda mi atención por la noche.

El aserradero quedaba a unos kilómetros de Concepción, en dirección norte por la carretera que llevaba al municipio de San Ignacio de Velasco y que había sido asfaltada hacía pocos años. El desvío era claramente visible, pero era un camino muy accidentado.

—Hola, ¿está don Felipe? Nos gustaría hablar con él —comenzó la conversación William.

—Soy yo, ¿qué necesitas? —respondió un hombre fornido con gafas redondas sobre lo que parecía ser una nariz especialmente alineada y una barriga que sugería una alimentación más que suficiente.

—Formamos parte de la nueva comunidad de allí arriba, junto a los Arawak. Mi primo me ha dicho que puedes ayudarnos a preparar la tierra para cultivo, está completamente monte.

Miré a Bernardo con asombro, ¿cómo podía William decir una cosa así?

No queríamos limpiar la tierra, ¿verdad? Además, no formábamos parte de la nueva comunidad, sino del pueblo indígena. William me guiñó un ojo y volvió a mirar a nuestro interlocutor. Don Felipe nos miró un rato y luego preguntó.

—¿Quién te ha dicho eso?

—Mi primo Pedro. Dice que tiene las máquinas necesarias. Y he encontrado algunas maderas interesantes, hay algunos morados y maras.

—Ya he negociado todo esto con el dirigente. Ya hemos llegado a un acuerdo. No negocio con dos personas a la vez, habla con tu pueblo. —Se dio la vuelta y parecía querer dedicarse a otra cosa.

—Muchas gracias —dijo William a modo de despedida—, entonces preguntaré mañana.

Así que sí, dependiendo de la identidad que usaras, obtenías información diferente. Dado que se pueden quitar y poner identidades como una chaqueta de verano, también podemos ponernos identidades ajenas si nos sirven para nuestro propósito. Al fin y al cabo, nos habíamos enterado de que el aserradero tenía un acuerdo con la comunidad para la tala de valiosas maderas tropicales y que, a cambio, obtendrían prestados equipos para limpiar las tierras recién adquiridas.

En el camino de vuelta, compartimos dos mototaxis entre tres. El asiento se hizo un poco estrecho, pero así volvimos rápidamente al pueblo. Nos dirigimos directamente a la alcaldía y esta vez tuvimos suerte, don Ebbe estaba allí, justo en la puerta. Debía estar llegando o saliendo. Con un tamal en la mano, nos miró sorprendido cuando lo detuvimos. Esta vez fue Bernardo quien habló primero.

—Honorable, don Ebbe, qué bueno verlo por aquí. Usted siempre tiene cosas importantes que hacer. Además, sólo queremos molestarlo un ratito.

Se notaba que le gustaba el comentario sobre las "cosas importantes". Nos condujo a la sala de reuniones del Concejo Municipal.

En el fondo había varias banderas paradas, como los famosos guardias del Palacio de Buckingham en Londres. Re- conocí la bandera nacional y la bandera de Santa Cruz. La tercera debía ser la de la provincia o del municipio. Detrás había una enorme foto del presidente. Para resaltar aún más la importancia de esta sala, en la pared lateral izquierda se alineaban los certificados de honor, así como las fotos de antiguos alcaldes y concejales, y en la estantería lateral de la derecha se entronizaban estatuas, reconocimientos y al menos 15 trofeos de fútbol. Quien trabajaba aquí debía ser importante. Por el contrario, nos esforzamos por parecer lo menos importantes posible para que nuestro anfitrión se sintiera a gusto. Después de una breve charla introductoria, William pudo dirigir el tema hacia el problema de la tierra. En pocas palabras le explicó la situación al concejal. El problema obviamente era de su conocimiento. Don Ebbe levantó las cejas y suspiró.

—Sí, los asentamientos. Hemos tenido que lidiar con ellos durante mucho tiempo. ¿Oíste lo que pasó en San José? Ahora hay tres veces más gente de afuera que chiquitanos. Y todos quieren electricidad, agua, escuelas, centros de salud, ni siquiera tienen una casa todavía y ya quieren que las autoridades les den todo. Seguro que tus vecinos pronto nos pedirán cosas que no podemos darles. Nadie nos ha dicho que fueran a venir nuevas comunidades, no tenemos esos costes en nuestro POA. Todo se decide por encima de nuestras cabezas y tenemos que pagar el precio.

Y entonces toda la burrera empieza de nuevo con los bloqueos de carreteras, las marchas y nos agreden delante de la alcaldía.

—¿Así que no sabías lo de los nuevos asentamientos? —preguntó Bernardo.

—No, nadie nos lo dice. Todos chupan las medias del presidente, luego obtienen el título del INRA, luego llegan aquí y ni siquiera saben cómo se ve una planta de plátano. Muchos regresan a las tierras altas, aquí hay demasiados mosquitos, demasiado calor y demasiado cansancio.

Un día cortas la hierba y al día siguiente vuelve a crecer sobre tu cabeza. Que alguien vuelva a decir que los de las tierras bajas somos unos vagos. —Se reía de su propio humor, pero se podía sentir literalmente la rabia reprimida que debe haber guardado durante décadas.

—Necesitamos nuestra tierra, debes ayudarnos. Don Ebbe, usted siempre ha estado de nuestro lado —pidió William; parecía haber construido una larga relación de con- fianza con el concejal.

—¿Qué hace el gringo contigo? ¿Es tu comodín, o qué? —preguntó Don Ebbe y me sacó de un estado de confusión en el que había caído con toda esta información.

—Um, lo siento, no me he presentado. Soy Ayo, el comodín —le contesté bromeando también. —Bueno, mi abuelo también era Arawak y de ahí vengo, por eso estaba allí y ahora estoy aquí con William y Bernardo para recuperar la tierra.

—Oh, así es, aunque todavía no me creo lo del abuelo, pero eso no es asunto mío —dijo Ebbe y sonrió—. Así que, como he dicho, siempre somos los últimos en ser informados cuando alguien invade nuestro municipio aquí.

Como si te visitara en casa, entrara a tu casa por la puerta de atrás, me explayase en tu salón y luego me quejara de que no hay cerveza.

Bernardo se limitó a asentir:

—Sí, lo sabemos, don Ebbe. Díganos, quién puede conseguirnos los datos, tengo que averiguar si realmente estas comunidades ya tienen su resolución oficial del INRA o tal vez no la tienen todavía y podemos salvar nuestras tierras.

Don Ebbe miró por la ventana hacia el patio donde unos

cuantos niños jugaban con palos. Parecía que construían una carretera y la conducían con un gran camión de plástico.

—Lo mejor es preguntar a la gente de esa ONG, que de alguna manera se las arregla para conseguir información. También nos enseñaron mapas y formaron a nuestra gente, pero con el cambio de alcalde se llevaron todo.

Nuevo partido, nuevo equipo, nueva suerte. El personal se llevó todo, cambiaron a toda la gente, no dejaron ni una silla aquí.
Las palabras de Don Ebbe sonaban un poco resignadas.

—¿A qué organización te refieres, a la que dirige esa mujer de pelo oscuro, ¿cómo se llama esa organización? También nos visitaron una vez —William preguntó.

—Sí, son ellos, espera un momento, se llaman... —sacó su teléfono móvil del bolsillo y recorrió un rato sus contactos— Ya está, lo tengo, *Nature and People*-NAP. Del INRA no vas a conseguir ninguna información. No puedo recordar el nombre de esta mujer de la ONG. Ahora tengo que ir a una reunión con el alcalde, vuelvan cuando quieran.

Se puso en pie y tratamos de copiar bien el protocolo para salir de la sala al mismo tiempo que él y, una vez más, le agradecimos la conversación, aunque no habíamos avanzado mucho en cuanto al contenido. Me volví de nuevo hacia los trofeos y las banderas porque me miraban como si también quisieran recibir su debido respeto.

Cuando salimos a la calle, nos llegaron deliciosos olores, junto con el hambre, y vimos que pronto nos quedaríamos sin almuerzo si no íbamos a un restaurante inmediata- mente. A partir de las 12.30 se terminaba todo el almuerzo y había que esperar hasta la noche para comer comida caliente. La conversación pasó por mi cabeza durante un rato, todo estaba completamente desordenado.

—William —compartí mis pensamientos—, los migrantes salen muy mal parados aquí. Pero no parecía que estuvieran viviendo en lujo. Ellos también necesitan tierra,

¿no? Si no hay suficiente tierra en las tierras altas, ¿dónde se supone que va a ir esta gente? ¿Pero, por qué no está mejor organizado? No lo entiendo. —Sabes —respondió William—, estas personas son sólo peones de la política. Se están aprovechando para jugar a la política. Llega un tipo listo, que intuye un beneficio, con buenas conexiones con los políticos del partido gobernante, y se pone a hacer negocios con la tierra.

En realidad, se trata de un acuerdo de tierras estatales para los municipios, pero no falta un listo que se enriquece con eso y distribuye las tierras individualmente a las personas que pagan. El dinero se queda con él, por supuesto. Una vez dijiste que en tu país se dice que el tiempo es dinero, en el nuestro se dice que la tierra es dinero.

—Pero eso no es posible, ¡cómo se va a enriquecer una persona con la miseria de los demás! Y si todo el mundo lo sabe, ¿por qué nadie hace nada al respecto? —Protesté.

Sentí que mi sentido de la justicia hervía dentro de mí y exigía acción.

—Gringo estás en una tierra —dijo William en un tono casi paternal—, donde lo imposible es posible y lo posible es imposible.

En silencio, nos servimos la sopa y esperamos el plato principal.

—Entonces, ¿qué vamos a hacer ahora? —les pregunté a ambos y la respuesta me la dio William junto con el plato de arroz con queso, yuca y carne, igual de caliente y delicioso—. Mañana por la mañana nos vamos a Santa Cruz.

CAPÍTULO XV

Estaba sentado en la habitación de un albergue internacional. A mi lado, en los sofás de palets, había unos mochileros, de los que se ven a menudo en su entorno natural y libre. Altos, delgados, con diferentes variantes de ropa de trekking, desde Meindl a North Face, desde Jack Wolfskin a Patagonia, pero todos con ese toque personal. Cada accesorio, o bien se encontraba en la cabeza en forma de interesantes creaciones para el pelo o el sombrero, o bien unido a la hebilla de un cinturón, esperando a ser descubierto. Podían ser llaveros, cinturones anudados, cordones de colores, elementos de madera tallados por ellos mismos o cadenas anudadas hechas con semillas de sirari, pero quizás el elemento sorpresa también estaba amarrado a la mochila.

Además, se podía leer el itinerario actual de los visitantes desde su calzado. Si llevaban botas de montaña o zapatillas de deporte, el viaje podía dirigirse a un destino de al menos tres horas, mientras que las chanclas o las sandalias indicaban claramente una visita a la ciudad.

Me senté en una mesa algo alejada y observé el espectáculo como si no perteneciera yo también a él. Aunque encajaba en esta especie, me sentía demasiado especial para querer unirme a la manada. Imaginaba que mi particularidad estaba en mi interior. Mis ancestros Arawak, mis meses en la selva, definitivamente me sentía diferente. Por qué había elegido este albergue entonces, tampoco lo sabía. Cuando Bernardo y William se despidieron de mí en la terminal de autobuses y quedamos en vernos mañana, aunque más precisamente el acuerdo era que "hablemos por teléfono mañana", me encontré solo de repente. Así de rápido. En cualquier caso, estaba claro que querían hacer algo sin mí. Quizá querían quedarse con amigos o conocidos y no podían arrastrarme con ellos. Así que allí estaba yo, buscando albergues en mi teléfono móvil, y ahora estaba sentado aquí en Sunny Days esperando que mi habitación estuviera disponible.

Lo más importante era que tenía mi portátil colocado delante de mí, lo que también me protegía de la jauría de mochileros y me ofrecía seguridad. La conexión de Internet era excelente y, de hecho, logré conseguir una imagen satelital actualizada de la región alrededor de Concepción a través de un sitio web estadounidense. Mientras lo descargaba, recordaba mi grabación de audio. Esa familia menonita que había habla- do de forma tan divertida. Volví a escuchar su conversación. Había mucho ruido, muchas conversaciones laterales, así que no pude entender casi nada. Descubrí algunas palabras aisladas del alemán antiguo y decidí explorar un poco su lengua. Plautdietsch, una interesante variación del bajo alemán con elementos del neerlandés y estancada en la redacción del siglo XVI. No es de extrañar que fuera difícil de entender. Sin embargo, los menonitas aparecen en las estadísticas bolivianas como germanoparlantes, lo que hace que el alemán sea la segunda lengua más hablada en algunos municipios del este de Bolivia, por delante de gran parte de las 36 lenguas indígenas del país. Al mismo tiempo, la separación de la población era tan fuerte que ningún boliviano no menonita hablaba además plautdietsch y sólo unos pocos hombres menonitas hablaban español con fluidez, las mujeres casi nada.

Tenía una gran ambición por entender algo, me gustaban los idiomas y, como esta lengua tenía alguna relación con el alemán, debía ser posible descifrar las palabras. Después de la tercera escucha, me pareció percibir las palabras *scheene Stube, Danke y Neuland.* Hasta ahí mi experimento. Una hora más tarde mi habitación estaba libre, me instalé en ella y tuve una animada charla con Archie.

Introduje los comandos en mi programa de mapas y Archie los siguió alegremente. Cargué los *shapefiles* de los límites del municipio y los asentamientos más grandes a mis imágenes satelitales recién adquiridas, el resto de los datos que me habían dado en Concepción me parecían demasiado desactualizados. Se veía claramente una extraña línea, como una decoloración marrón en medio de varios tonos de verde. Si se tratara de un cuadro, parecería un error, como una línea que cortaba accidentalmente los verdes jaspeados. Aumenté las tonalidades en el programa y amplié a escala 1:250.000 para ver mejor este trazo. Resultó ser la carretera que conectaba San Cristóbal con Cañada Larga, pero en lugar de girar hacia el oeste, hacia los Arawak, iba directamente hacia el norte. Había un corte discernible que aparentemente habían utilizado los inmigrantes, pero el camino principal continuaba hacia el norte durante unos cuantos kilómetros más y luego terminaba en ninguna parte. Muy extraño. Aunque solo era un camino de tierra, su construcción fue larga y costosa.
¿Por qué alguien construiría un camino así? ¿Cuál era el objetivo? ¿A dónde llevaba? ¿A qué lugares debía conectarse?

Tenía muchas preguntas, mucha curiosidad y, sobre todo, quería volver al bosque lo antes posible. ¿Hasta dónde llegarían los asentamientos en el bosque? ¿Qué destruirían? Y lo más importante, ¿cómo reaccionaría el jaguar a estos cambios? ¿Se retiraría más al bosque? En cualquier caso, te- nía que encontrarlo pronto.

Una impaciencia bullía en mi interior, no podía seguir sentado sin hacer nada. Investigué un poco más sobre la organización no gubernamental de la que nos había hablado el concejal, por suerte la encontré enseguida en Internet. *Nature and People*-NAP apoyaba la interacción armoniosa entre las personas y la naturaleza, y tenía sede en Canadá. El sitio web enumeraba una serie de proyectos, como la agricultura sostenible, el desarrollo económico comunitario, los sistemas agroforestales y la conciencia intercultural. Sea lo que sea, decidí adormecer mi impaciencia con una carga completa de consumo y vida urbana y me dirigí al Ventura Mall, el centro comercial más grande del país, orgullo de la ciudad de Santa Cruz en su afán por transformarse en la Miami de Sudamérica. Para perfeccionar esta copia, se estaban construyendo lagunas artificiales en otras partes de la ciudad, donde una clase alta podía disfrutar de la ilusión de Miami en su propia playa de arena mientras sus hijos buceaban en las úl- timas reservas de agua potable de la ciudad. Después de una hora, la frustración del consumo del mundo estalló en mí, salí del centro comercial de vuelta al albergue, habiendo con- sumido tan sólo un helado de copuazú en todo el recorrido.

Al día siguiente pude aguantar la espera hasta las 10 de la mañana y entonces llamé a William. Parecía muy ocupado y me remitió a la tarde. Al parecer, aprovecharon la estancia en Santa Cruz para hacer muchas cosas. Busqué la dirección de la organización NAP en el mapa y decidí ir a ver a esa mujer de pelo oscuro que había mencionado el concejal, que en un país como éste era una descripción de la mitad de la población.

Casi choqué con una carreta de caballos cuando qui- se cruzar el segundo anillo de la ciudad. Según el mapa de mi móvil, tenía que pasar por el restaurante Casa del Camba, luego cruzar el segundo anillo y dirigirme hacia la Casa Kol- ping. El restaurante no podía faltar, la cocina tradicional de las tierras bajas ofrecía un buffet con 30 platos a elegir. Cul- tura o no, tenía un enorme antojo de pizza, pero aún no era la hora de comer.

La Casa Kolping constaba de dos complejos, el primero era una especie de hotel y centro de conferencias y el segundo, una especie de rascacielos que se levantaba en el lado opuesto de la calle con la inscripción Kolping-Centro Multifuncional. Lo primero que pensé fue que se trataba de un complejo deportivo, pero enseguida me di cuenta de que era un centro médico. Una enorme fila de gente se extendía desde las aceras hasta dentro del edificio como si hubiera cerveza gratis. Alrededor del centro, las tiendas de anteojos y los puestos de comida bullían como los mosquitos de la noche en mi mosquitera. Decidí aprovechar la abundante oferta de desayunos al aire libre y pedí un batido de papaya y una empanada tucumana frita con salsa de maní.

A tres cuadras encontré la oficina de la organización. En la entrada de un edificio de cinco plantas, junto a un timbre, estaba el letrero NAP escrito con letras verdes curvas que ilustraban una cara en forma de enredadera, para unirse bajo las letras y formar una especie de tronco de árbol. Pulsé el timbre y me contestaron inmediatamente. Ya me estaba preguntando por este primer éxito cuando el guardia del edificio me detuvo.

—Señor, ¿a dónde va?

—A la oficina de la organización NAP, por favor —dije amablemente.

—Su identificación, por favor —respondió fríamente.

—Lo siento, no tengo mi identificación conmigo. A veces la gente roba y no sabía que lo iba a necesitar —tartamudeé con timidez.

—¿Algún otro documento?

Rebusqué un poco en mi pequeña mochila y encontré mi carnet de la biblioteca pública de Stuttgart. Sin dar explicaciones, lo puse sobre el mostrador. El hombre, serio y de aspecto algo grueso, agarró la tarjeta, rellenó una tabla a mano y me la devolvió.

—Tercer piso a la izquierda, el ascensor está aquí delante, señor Stuttgart —dijo, ahora incluso tenía una sonrisa amistosa en la comisura de los labios.

Así que ahora yo era el señor Stuttgart. ¿Cómo iba a saber este hombre cuál era mi nombre, mi apellido u otros datos? Probablemente había introducido el código postal como número de identificación, pero estaba satisfecho porque había hecho su trabajo y yo estaba contento porque estaba registrado y pude subir a la tercera planta.

La puerta se abrió con un zumbido y junto a un mostrador con folletos, libros, fotografías y una taza de café, una secretaria me miró con curiosidad.

—Buenos días, señor, ¿con qué le puedo ayudar?

—Buenos días —respondí, mientras pensaba en quién o qué buscaba exactamente aquí—, vengo de Concepción y me gustaría hablar sobre un conflicto de tierras, me dijeron que su organización trabaja allí.

—Hm, sí, tenemos muchos proyectos en Concepción, ¿y quién es usted, si se puede saber? —Ella preguntó amablemente.

—Oh, lo siento, mi nombre es Ayo, soy de Alemania y estoy trabajando con un proyecto de jaguar en este momento —respondí. Seguramente les gustaría la palabra proyecto, pensé, y al fin y al cabo era mi proyecto, mi proyecto de vida.

—Un momento, por favor —dijo mientras hablaba por el teléfono interno—. Puede sentarse aquí y hojear nuestras publicaciones, señor...

—...Ayo —dije rápidamente.

—Johnny vendrá enseguida —añadió.

Quienquiera que fuera Johnny, no quise preguntar más, lo averiguaría en un momento. Tal vez me había imaginado a un veterano miembro del personal canadiense, pero me sorprendí mucho cuando se me acercó un joven atlético de piel oscura. Se parecía a mi copia boliviana.

—¿Necesitas información sobre un conflicto de tierras? —me preguntó directamente.

—Sí, vengo de Concepción, bueno más precisamente de la región de los Arawak, ¿sabe dónde queda eso? —No estaba seguro de haber encontrado a la persona de contacto adecuada.

Cuando me señaló un mapa de la región chiquitana, ya me sentí mejor. Después de todo, hablábamos el mismo idioma. La humanidad siempre utilizó los mapas para explicar muchas cosas. En pocas palabras, le expliqué el tema del asentamiento y le señalé la ubicación aproximada en el mapa.

—Sí, esto ocurre en toda la región de la Chiquitanía, son las promesas políticas, es poco lo que podemos hacer —devolvió.

—Sí, esto ocurre en toda la región de la Chiquitanía, son las promesas políticas, es poco lo que podemos hacer —devolvió.

—Esperaba poder conseguir más material cartográfico aquí y, sobre todo, quería ver si estos asentamientos eran legales —seguí explicando.

Se levantó, entró a otra oficina, volvió a salir y me hizo un gesto para que le siguiera. En esta sala, había tres escritorios relativamente juntos, y en el único lado libre había un tablero con fichas de colores, flechas y puntos, y estaba decorado con palabras ilegibles de colores. Parecía una de esas paredes que los detectives de las películas crean para resolver sus casos. Detrás de los escritorios estaban sentados una mu- jer con el pelo negro muy largo, una joven con el pelo rubio hasta los hombros y un hombre con una gorra, que quizás ocultaba una calva debajo.

En ese momento sonó mi móvil, era William. Quería encontrarse conmigo en la plaza, pero cuando le describí dónde estaba, decidió ir a darme alcance directamente ahí.

—¿Tienes un momento? —se dirigió Johnny a sus compañeros de trabajo—. Nuestro visitante aquí está interesado en los conflictos de tierras en la Chiquitanía, pensé que uste- des sabrían más sobre eso, ¿no?

La primera en responder fue la mujer de pelo largo y negro.

—Hola, sí, podemos hablar de eso durante mucho tiempo. ¿Qué quiere saber exactamente? Estamos a punto de tener una reunión de equipo, pero todavía tenemos quince minutos, así que adelante.

—Ok, muchas gracias. Volveré otro día si es más conveniente —respondí.

—¿Por qué no nos dice primero lo que necesita y lo vemos? —sugirió la Sra. Pelo Negro.

En breves frases me presenté y expliqué en resumen el conflicto de la tierra y el peligro que corrían los Arawak.

Todos se limitaron a asentir en señal de comprensión. El primero en responder fue el hombre de la calva oculta.

—¿Y qué quieres hacer? Seguro que alguien te dijo que vinieras a vernos, ¿no? —preguntó con una sonrisa—. Dependiendo de la perspectiva desde la que se cuente, somos los que podemos aportar buena información o los que man- tenemos el conflicto a fuego lento. Incluso dicen que estamos movilizando a la población local junto con Estados Unidos contra el gobierno boliviano —se rio—. Entonces, ¿qué te han dicho?

—Sí, bueno, en realidad lo primero. Me gusta mucho trabajar con mapas y pensé que podría conseguir algo de material cartográfico aquí —continué.

—Desgraciadamente, no se nos permite dar eso tan fácilmente. Pero quizás tú y Tabea podrían echar un vistazo a nuestros documentos juntos. —Miró a la mujer de pelo rubio que aún no había dicho nada.

—Por supuesto —se entusiasmó—, podemos ir a la biblioteca ahora mismo, pero la reunión empieza dentro de poco. Bueno, todavía tenemos un momento.

—Ella también es de tu región, creo que incluso son vecinos, ¿no? Tabea es de Holanda —coqueteó el calvo, se quitó la gorra y se rascó la cabeza—. Tabea, puedes enseñarle a Ayo nuestro informe del año pasado, hay muchas cosas ahí y también está este mapa de nuestro proyecto de Brasil, ¿no?

—Sí, eso es exactamente lo que estaba pensando —dijo Tabea—, también acabo de clasificar un estudio sobre Concepción ayer, puede que haya algo en él.

Las últimas palabras se desvanecieron en el pasillo, mientras nosotros ya desaparecíamos de la habitación y caminábamos por un largo corredor. Nos condujo por la cocina a una pequeña sala lateral, probablemente destinada a ser una biblioteca. Había una pequeña mesa redonda, dos sillas, una pequeña lámpara y muchas estanterías llenas de libros, carpetas y cuadernos. En el suelo había varias cajas de mudanza llenas de papeles y libros. Olía un poco a humedad.

Tabea se dirigió a mí y me explicó:

—Estoy haciendo una pasantía aquí y mi tesis de maestría al mismo tiempo.

—¿Qué estás estudiando? —pregunté con curiosidad.

—El tema de mi trabajo es la influencia de las relaciones internacionales en los sistemas socioecológicos de la Chiquitanía —Al notar mi cara de interrogación, me explicó más—. Primero estudié estudios latinoamericanos y biología, y luego encontré este máster en Wageningen, Holanda. Ahora clasifico la biblioteca aquí y puedo utilizar toda la información para ello. El NAP también me acompaña y me ayuda en mi investigación de campo. Hugo es muy simpático, siempre me lleva con él cuando sale al campo —explicó, además.

Sonaba emocionante, opciones que se podían estudiar, todavía tendría que tomar todas estas decisiones. No tenía ni idea de lo que iba a estudiar yo. Por Hugo, estoy seguro de que se refería al simpático calvo.

—¿Has estado alguna vez en la región Arawak? —pregunté directamente.

—No, pero me gustaría, he oído hablar de ellos. Nunca fui tan lejos, sólo hasta las comunidades chiquitanas. Vas allí siempre, ¿no?

—Bueno, sí, ha pasado mucho tiempo, y no hay transporte. Y ahora los Arawak se retiraron aún más debido a este problema de tierras. Si los interculturales consiguen afianzarse allí ahora, no sé a dónde más irán —resumí la lucha por la supervivencia en dos frases—. Tengo mucho miedo de que pierdan por completo su medio de vida, ¿qué será de ellos entonces? ¿También mendigarán aquí en la ciudad como los ayoreos? Ahora ellos recolectan sus frutos silvestres en los semáforos de Santa Cruz en reemplazo del bosque.

En realidad, no quería insistir en esta lúgubre perspectiva, siempre me entristecía, pero quería deshacerme de ella. Tabea rebuscó un poco entre los papeles, sacó una carpeta de hojas sueltas y me la entregó.

—Mira esto, aquí hay un informe del proyecto forestal. Puedo enviarte el informe anual por correo electrónico, ¿tienes una dirección de correo electrónico? Desgraciadamente, nuestra reunión está a punto de empezar, pero vuelve otra vez —dijo y se dio la vuelta para marcharse. Escribió su dirección de correo electrónico en un papel y me lo entregó. Le di las gracias y pensé en un tema completamente distinto.

—Tabea, tú estudiaste biología, ¿trabajas por casualidad con cámaras trampa? Y otra cosa, ¿sabes algo de los ja- guares? —le pregunté directamente.

—Allí tenemos mucho que intercambiar, será mejor que vuelvas alguna vez —sonrió ella.

Obviamente, podría contarme mucho más, ya tenía curiosidad. Con las cámaras trampa seguramente podría localizar a mi jaguar más rápido. ¿Sería posible ver bien los ojos en estas fotos de la trampa? Pero lo buscaría a él, a mi abuelo, directamente, lo sabía. Me parecía absurdo, pero seguía sintiendo ese fuerte impulso de mirar fijamente a los ojos brillantes de ese jaguar, de él, por una vez. Sabía que una sola mirada me convencería y revelaría la verdad.

Me despedí de nuevo, también de los otros compañeros de los que, si acaso, había aprendido el nombre. En la puerta de salida alcancé a ver a William y Bernardo y casi choco con ellos.

—Hola —dije.

Me miraron desconcertados, pero no entendieron por qué quería irme ya. Se adentraron en el edificio y se dirigie-ron al ascensor.

Les dije que nuestros interlocutores acababan de entrar a una reunión, pero ¿por qué una reunión de equipo iba a ser motivo para no visitar la oficina? En vez de regresar, lo tomaron como una buena noticia porque ahora todo el personal del NAP estaba allí, así que era un buen momento.

Me daba un poco de vergüenza regresar a la oficina. Había entregado mi carné de la biblioteca en la puerta y fui la última persona en entrar en esta ocasión.

Tras una pequeña llamada de la secretaria, esta vez llegó Hugo, el calvo, que en realidad había dejado la reunión del equipo para recibir a sus invitados. Un ritual de saludo íntimo confirmó su relación de confianza con los Arawak.
—Siempre quise tener un gringo a mi lado, como tú —bromeó Bernardo, haciendo un gesto con la cabeza hacia mí—. ¿Cómo está Elizabeth?
—Sí, ya hemos conocido a su gringo. Y Elizabeth, acaba de informar de su última visita a Concepción y no puede salir ahora mismo, pero les invito a un café, acérquense. —Con estas palabras, Hugo nos invitó a entrar a la cocina. Después de haber calentado nuestra conversación mientras el café se enfriaba, Bernardo fue directamente al grano.
—Necesitamos información urgentemente. Esta mañana hablé por teléfono con mi mujer, María, los interculturales ya levantaron sus carpas para convertirlas en casas de adobe y a instalarse más firmemente, como los sepes. Por donde pasan, no queda ni una hoja en el árbol. Tenemos que detenerlos antes de que se instalen realmente o nunca los sacaremos. Hugo miró al suelo de manera pensativa.
—Sí, amigo, ese es el gran problema en todas partes. Y los migrantes sólo hacen lo que creen que es correcto.
Les parece completamente absurdo que no se tale el

bosque porque les molesta no poder ver ni 200 metros a través de él. Es diferente en las tierras altas, puedes ver lejos en todas partes. Imagina lo asustados que deben estar en tu bosque. No conocen los sonidos, no conocen a los animales y ni siquiera pueden ver la casa del vecino a través del bosque. Si hubieras crecido así, también quitarías los árboles prime- ro. —Hugo dio un sorbo a su café y se rascó la cabeza—. Sí, información es lo que todos necesitamos. En primer lugar, el municipio, para que pueda hacer su planificación territorial; después tú, para que sepas qué pasa con tu tierra y por qué, y los interculturales también necesitan información para saber qué pasa si quitas todos los árboles de aquí, y para que aprendan que no puedes sacar oro de tu jardín delantero.

Pero ahí está el problema.

Toda la información se utiliza políticamente, si no conviene la información, se la entierra en el jardín delantero. ¿Por qué crees que la gente nunca tiene acceso a los títulos de propiedad?

Hugo dio un sorbo a su taza de café, luego se puso de pie y buscó un mapa topográfico de la Chiquitanía en la oficina vecina. Juntos miramos el plot. Reconocí claramente Concepción, las carreteras principales y, de nuevo, la línea de este dudoso camino a través de la selva, que representaba una ruptura en la armoniosa superficie, como un cristal roto que se rompería en mil pedazos cuando lo tocara.

—¿Supongo que estos colonos están por aquí? —preguntó Hugo y señaló el mapa con el dedo índice. El diseño topográfico facilitó mucho la visión de conjunto. Sin embargo, la propiedad no estaba marcada, pero eran visibles algunas comunidades, carreteras principales y ríos—. Al fin y al cabo, aquí está tu comunidad —añadió Hugo a la imagen colocando una cuchara de café sobre el mapa.

Me gustó esa dinámica y por eso añadí un pequeño paquete de azúcar a la obra.

—Y aquí están los invasores, y eso es el camino por el

que vinieron —señalé la extraña línea marrón —, pero a dónde lleva, no lo sé, a ninguna parte.

—Parece un café con leche, marrón-negro-beige —bromeó William.

Un flash *memory* redondo, de color turquesa, aterrizó en el mapa de arriba.

—Y esta información es tan confusa como mi cerebro en este momento, pero un *latte macchiato* doble sin duda me ayudará. Si sigues por aquí en un minuto puedo confundirles un poco más, tengo información nueva para ustedes en el *flash* que creo que les va a interesar.

Con estas palabras, Elizabeth volvió a salir antes de haber entrado en la cocina.

CAPÍTULO XVI

William y Bernardo hablaban animadamente de algunos conocidos y familiares que habían visitado en el hospital, a los que habían pedido dinero prestado, y de algún sobrino que estudiaba en la ciudad. Supuse que habían tratado estos temas la tarde del día anterior. Hugo se había ido de nuevo mientras tanto. Estábamos sentados como mal parqueados en la cocina, delante de nosotros todavía estaba el mapa con la cuchara de café y el sachet de azúcar. Todo parecía tan tranquilo en el plot, tan armonioso y homogéneo. Y en el fondo, debajo de esos muchos tonos jaspeados de verde y marrón, había tantas incoherencias, más de lo que uno podía imaginar, o más bien quería imaginar. Muchos gobernantes habían intentado organizar el mundo en mapas y nunca había funcionado. Y ahora utilizábamos los mapas para entender lo que ya se había organizado. Miré el mapa y traté de sentir el territorio, de situarme en el bosque.

El grifo me sacó de mis pensamientos. Tabea estaba lavando su taza, en la que había tomado mate de coca.

—Bueno, aquí estás otra vez —bromeó—. Sí, otra vez aquí, tú dijiste que debía volver —respondí ingeniosamente, ambos no pudimos evitar sonreír.

—Entonces, probablemente quieras saber algo sobre las cámaras trampa... ¿Por qué? ¿Has visto un jaguar?

—Bueno, todavía no, pero sé que está ahí. Hemos encontrado rastros y quiero encontrarlo —añadí.

No quise mencionar lo de mi abuelo, era mi pequeño secreto

entre él y yo, nadie más debería tener parte en ello, excepto los Arawak.

—Son bastante caros, ya sabes, tenemos algunas como el NAP, pero no nos las prestarían. Acabamos de utilizarlas para un estudio sobre la fauna de la cuenca de la laguna de Zapocó en Concepción. Hugo coordinó ese proyecto, está casi terminado, pero no darían las trampas, estoy segura de ello.

Tabea estaba dispuesta a ayudarme, pero, por supuesto, sólo era una pasante en la organización.

—Sí, eso es lo que pensé. ¿Cómo buscarías tú un jaguar sin una cámara trampa? —continué indagando.

—Haces preguntas divertidas, ¿quieres ver un jaguar en la naturaleza? Lo mejor es ir a San Miguelito, al Rancho de Conservación del Jaguar, donde tienen trampas y siguen las huellas del jaguar muy de cerca. Estos grandes felinos necesitan un enorme territorio intacto para sobrevivir. Es casi imposible verlos —explicó Tabea, mientras la bióloga que llevaba dentro salía a relucir—. Incluso allí, sólo puedes encontrarte con un jaguar si tienes mucha suerte. Intentan proteger a los jaguares contra unos delincuentes asiáticos. ¿Has visto la película Tigre Gente? En los últimos cinco años se han confiscado aquí casi 800 dientes de jaguar. Como apenas quedan tigres en Asia, en algunos países asiáticos se cobra una fortuna por el "tigre americano", por todo, dientes, testículos, carne, piel o huesos. Esto promete a la gente suerte, salud o potencia y aquí es donde se extienden las bandas criminales. Por lo demás, hacen contrabando de drogas.

—Bueno, eso me da valor ahora —respondí.

Por supuesto que no iría al rancho, no quería ver "algún" jaguar, pero no quería darle esa explicación en ese momento. Quizá algún día me ponga en contacto con el rancho para obtener más información sobre mi gran gato, pero estaba convencido de que los mejores guías vivían con los propios Arawak.

Cuando salí de la cocina, encontré a Bernardo hablan- do por teléfono frente a la puerta del baño.

—Vamos —dijo, mientras seguía hablando con entusiasmo.

Como había hecho tantas veces antes, troté detrás, sin tener la menor idea de a dónde íbamos. Se explicaría, de alguna manera y en algún momento. Recordé una situación de un intercambio de estudiantes. ¿De dónde era? ¿Namibia? ¿Kenia? Algún lugar de África. Mis padres siempre habían estado abiertos a acoger a una gran variedad de personas, por lo que mi hermana solía comentar: ¿por qué no ofrecen mi habitación en Airbnb? Así fue que Tayo llegó a nuestra casa en algún momento. Como solemos hacer en Alemania, salimos a pasear por el bosque y Tayo preguntó "¿a dónde vamos?" Mi madre respondió con indicaciones "damos una vuelta por el bosque y volvemos a casa". Pero de nuevo Tayo preguntó lo mismo y otra vez mi madre explicó que a través del bosque y luego a casa. Para la tercera vez surgió una nueva pregunta: "pero, ¿por qué?" Y no pudimos encontrar una respuesta que le resultara convincente.

Me sentí un poco como Tayo, excepto que mis preguntas flotaban en mi cabeza, cada una empujando a la otra como si fueran coches de choque de la kermesse. Todavía no entendía por qué no podíamos ir al Instituto de Reforma Agraria y ver el título de propiedad. Caminamos hacia la estatua del Cristo Redentor en el segundo anillo y nos sentamos en un café de ancianos en la calle Monseñor Rivero. Yo habría calificado el gusto de los Arawak de otra manera, un café tan caro no se adaptaría a su gusto, cultura o cartera, pero no me faltaban sorpresas. Al menos nuestro paseo tenía un objetivo concreto.

Bernardo y William habían seguido hablando de su sobrino durante todo el camino, mientras yo iba caminando detrás. Todos pedimos un café pequeño, me alegré de poder tomar uno de verdad y de que no sea esa bebida que terminé llamando Noescafé. Esta vez el café salió realmente de una máquina de café. Nuestra insignificante conversación parecía haber salido de otra realidad cuando otro invitado se unió a nosotros. Se me presentó sólo como El Doctor, echó su silla hacia atrás y colocó con confianza su bien alimentado cuerpo sobre uno de los cojines del asiento, asintiendo con el mismo movimiento al camarero, que poco después le trajo un café cortado.

Llevaba el pelo peinado hacia atrás de forma extraña- mente apretada; sin duda contenía una buena porción de Moco de gorila, como se llamaba atractivamente el gel para el pelo. Con ese artilugio obligó a sus escasos pelos a tumbarse sobre el cuero cabelludo. Tardé en darme cuenta de que El Doctor, que no era médico, iba a ser la clave para resolver los conflictos de la tierra. En una escala del 1 al 10, no le habría dado a ese hombre más de 2 en confianza por la primera impresión, pero Bernardo ya sabría por qué recurrió a él en particular. Parecía diplomático, pero no demasiado; político y por tanto no transparente; fríamente calculador y lo suficientemente corrupto como para seguir la corriente del sistema. Una relación de pura conveniencia sin duda también forma - ba parte de un código de conducta no escrito. Era un mundo particular con su propio código de lenguaje, una oscura red de relaciones y favores en la que uno prefería no profundizar.

¿Habría otra forma de entrar en las bodegas abovedadas de la propiedad de las tierras Arawak? No lo sabía.

En los próximos días nos encontramos con El Doctor dos veces más, entre tanto William y Bernardo tuvieron que ocuparse de otras cosas, las que había aprendido a interpretar. En cada encuentro con El Doctor había un intercambio de papeles y dinero, se obtenía algo de información y poco después se me permitía por fin sentirme importante por una vez.

Nos sentamos en el despacho de Elizabeth en la oficina NAP y empezamos a despertar a Archie. Por supuesto, el NAP también estaba equipado con los hermanos de Archie, pero decidimos utilizar mi portátil y guardar toda la información en mi laptop al mismo tiempo. A partir de los papeles de El Doctor, que William había extendido frente a mí, pude obtener algunas coordenadas y ver que este mapa probablemente cubría una sección de la tierra de los Arawak, hecho que íbamos a comprobar ahora. La esperanza de que nuestras piezas formaran una imagen completa resultó ser coherente, sin embargo, nuestro rompecabezas armado no se ajustaba a la imagen prometida. Por fin habíamos conseguido unas horas de tiempo de Elizabeth, estábamos ansiosos por conocer su información del *flash memory* redondo azul.

—El año pasado volvimos a trazar los límites exactos de tu comunidad, ¿recuerdas, Bernardo? Cuando vino esa mujer de la cooperativa lechera y tuvo a su hijo enfermo con ella, ¿te acuerdas? —Elizabeth abrió la reunión. Bernardo asintió y esperó a que ella continuara—. Queríamos entregarte el material personalmente, pero en la temporada de lluvias necesitaríamos una lancha en lugar de un jeep con doble tracción para el viaje hasta tu comunidad, y desgraciadamente nuestro donante no tiene todavía lanchas en el presupuesto —señaló la pantalla—. Abran la carpeta GeoDat Concepción NO, la de aquí.

Abrí la imagen de satélite que había descargado de Landsat, y cargamos los nuevos shapefiles de Elizabeth. En su versión de planificación, el proyecto de la carretera estaba completamente dibujado. Además, el NAP había cartografiado la zona que actualmente utilizaban los Arawak y más allá, sombreada en naranja, vimos la zona que realmente les había pertenecido. La granja de Joao estaba marcada con un ícono azul que representaba al ganado. Fue increíble ver cómo el terreno se ordenaba ante nuestros ojos. Todo se volvió claro y despejado, como una niebla que se disipaba. Pero esto no reveló un amanecer romántico, sino una red salvaje de pro- piedad confusa.

Entonces teníamos en nuestro mapa la situación real de la tenencia de la tierra de hace cinco años, el uso actual del suelo y el uso futuro en forma de planificación de la nueva carretera. de la nueva carretera. La comunidad de in- terculturales no estaba marcada, al fin y al cabo, hacía pocos días que habían entrado en la zona.

Tomamos la información que habíamos comprado a El Doctor, aunque debería haber sido gratis. Además, una información de varios niveles de verdades, cada nivel costaba algo más. Esta visión no era compatible con mi forma de entender la ley, mi ética y lo que creía saber sobre la corrupción. Mis voces internas estaban en una discusión salvaje y me sorprendió que mis colegas de la mesa no pudieran oírlas.

¿Era corrupto el abogado al cobrar por una información gratuita, pero que sólo él podía obtener porque había cultivado relaciones con las personas que eran cruciales en ese momento? ¿Qué valor monetario podría asignarse a estas relaciones? ¿O es que los funcionarios eran corruptos porque sólo daban la información a determinadas personas teniendo en cuenta ciertos códigos sociales y monetarios, lo que de paso le permitían llevar una vida de clase media? ¿O nos habíamos corrompido por aceptar la oferta, aunque fuera el único camino hacia nuestra información? ¿O el gobierno estaba corrupto y con él todo el sistema? ¿O llamaríamos simplemente a estas operaciones "fomento del empleo"? ¿Cómo podría yo comportarme éticamente correcto en este caso?

Esta valiosa información, la sacamos de una carpeta amarilla en formato de papel oficio. Cuando entré al país ya me había dado cuenta de que existía una disonancia entre los diferentes y múltiples formatos de papel. Mi copia del carnet en papel A4 no cabía en la carpeta boliviana en formato carta, que a su vez no cabía en el formato de oficio en cuanto a anchura. Había olvidado cuánta alegría puede dar un simple trozo de papel.

Nuestra mencionada carpeta contenía varios

papeles copiados con imponentes sellos que expresaban sin duda un "soy importante". Los papeles contenían información sobre la propiedad de las tierras comunales Arawak con las coordenadas correspondientes, con fecha de 2018, año que coincidía con la rehabilitación de las tierras en la región de Concepción. Además, contenían un mapa de ordenación territorial de los terrenos comunales y de las propiedades colindantes.

Transferí las coordenadas de los trozos de papel a mi Archie y comprobé la correspondencia. Elizabeth me dictó los números, y William y Bernardo miraron pensativamente el resultado en la pantalla. Primero vimos la tierra de los Arawak. Las tierras comunales habían sido recortadas en las zonas del sur y del este, y la zona de Joao seguía marcada oficialmente como tierra Arawak. ¿Así que los Arawak podrían reclamar esto? ¿Qué influencia utilizó Joao para que no lo hicieran, o fue otro tipo de acuerdo?

Tomamos el segundo mapa y miramos para averiguar quiénes eran los nuevos vecinos oficiales que figuraban en el mapa. Pudimos ver un pequeño rectángulo y un gran pentágono irregular. El pentágono llevaba el nombre de 15 de Agosto, lo que sugería nuestra comunidad de migrantes, y se extendía geográficamente a la izquierda y colindaba a la derecha a lo largo de la carretera prevista.

Así pues, la situación era la esperada y temida. Joao había comprado la tierra, pero no estaba registrada oficialmente. En cambio, los interculturales estaban registrados oficial- mente y tenían la mejor tierra con acceso por carretera. Sólo me preguntaba cómo se conseguía ese terreno y, sobre todo, la información sobre la futura construcción de la carretera. Elizabeth respondió directamente a mi pregunta.

—Verás, estos son los frutos de años de lealtad al partido. Así es como el presidente cumple sus promesas electora- les y gana votos para las próximas elecciones. Pero, en primer lugar, está oficialmente prohibido vender las tierras comunales

Arawak, el Estado no puede hacerlo y los propietarios tampoco. En segundo lugar, estos terrenos los compraron personas que conocían el proyecto de la carretera, y eso solo puede hacerse a través del gobierno —Elizabeth parecía hablar consigo misma—. Pero lo mejor está por llegar.

¡Mira a dónde lleva este camino!

Ya había buscado una vez el destino de esta carretera y no encontré nada.

Seguimos la línea de la carretera nueva cada vez más al norte, hasta la frontera con Brasil. Aventuré una primera respuesta en el juego de las adivinanzas.

—Se supone que la carretera va a llevar toda la soja genéticamente modificada de Brasil a través de toda Bolivia hasta el Pacífico, alguien me habló de ella en un viaje de flota —recordé la conversación con Chacho en el camino a Concepción unos meses antes. Elizabeth sonrió.

—No es una mala idea en absoluto, pero estas carreteras de conexión ya existen o se están planificando en relación con el programa de infraestructuras IIRSA. Conectan Brasil y Bolivia por la frontera de Puerto Suárez o por Guayaramerín. Nuestro camino está lejos de eso, sólo hay río y bosque. ¿Has oído hablar de la carretera que atraviesa el territorio indígena TIPNIS? Este es exactamente un programa de infraestructura. Lo único que falta es una pequeña línea de conexión, de apenas 3 cm en el mapa de Bolivia, para unir dos carreteras internacionales que supuestamente van a unir el Atlántico y el Pacífico, y Bolivia está justo en el medio. Así que la gente de IIRSA se sentó en una mesa de pintura con el gobierno y trazó esta línea. Entonces vieron que la tierra era una tierra comunal indígena, que aquí hay un ecosistema único, viven pueblos indígenas y que esta línea sería una ofensa múltiple contra los pueblos y la naturaleza. Empezaron a construir la carretera y hubo resistencia, por supuesto que la hubo, aun- que el gobierno no pensó que estos pueblos aislados también lucharían por sus derechos. Pero se organizaron y fueron hasta La Paz a pie. Hay que imaginarse que caminaron duran te tres meses. Otros pueblos de las tierras bajas se unieron a ellos y marcharon con ellos. Luego se sumaron las organizaciones no gubernamentales, luego la prensa y finalmente la noticia dio la vuelta al mundo, increíble.

Fotos de hombres y mujeres indígenas, mujeres embarazadas, bebés pequeños, chanclas rotas, niños con frío, flautas y tambores, plumas y pancartas.

—¿Y entonces? —Ahora estaba curioso por conocer como terminaba esa historia.

—¿Entonces? Sí, luego llegaron a La Paz después de tres meses, con el apoyo de todas las organizaciones ambientales, de derechos humanos e indígenas. Y obtuvieron lo que pedían.

William se limitó a mirar con tristeza por la ventana y a rascarse la nariz. Bernardo tenía una sonrisa resignada en la comisura de los labios y Elizabeth se complacía en dibujar signos de interrogación en mi frente.

—¿Pero no acabas de decir que la carretera se construiría? —Yo no lograba interpretar las reacciones todavía.

—Sí, así es —dijo Elizabeth.

—Entonces, ¿por qué dices que han conseguido lo que querían? —seguí pinchando.

—Querían una ley que dijera que su tierra no puede ser tocada y está bajo protección, aunque de todas formas lo estaba desde siempre.

—Espera, no lo entiendo. ¿Qué han conseguido caminando entonces? ¿Esta ley? Eso es genial, ¿no?

—En realidad, sí, pero las leyes son sólo papel. El gobierno simplemente disolvió la ley una semana más tarde.

—¿Y qué fue del TIPNIS?

—Bueno, acaban de construir la carretera. Incluso completamente sin el proceso de consulta previa. Bueno, no, no. La consulta fue simplemente inventada, y también se consultó a los cocaleros que habían sido trasplantados allí por el gobierno y que habían entrado en la parte sur del territorio sin permiso. A todos ellos se les hizo la pregunta: ¿Quieres desarrollo? Fue como si alguien se mudara a tu jardín y luego insistiera en que te mudaras tú. A cambio, preguntaríamos a los vecinos, ¿les gusta la casa? Dirían que sí y nos quedaríamos con la casa y te echaríamos a vos.

Empezaba a sentirme como si estuviera entrando en las catacumbas de este país. Era confuso, oscuro, aterrador y húmedo. Quería volver a la luz del día.

Dirían que sí y nos quedaríamos con la casa y te echaríamos a vos.

Empezaba a sentirme como si estuviera entrando en las catacumbas de este país. Era confuso, oscuro, aterrador y húmedo. Quería volver a la luz del día.

—Esta parte de los estudios regionales es suficiente para mí por hoy. ¿Quizá sigamos mirando nuestros mapas? Elizabeth volvió a tomar la palabra.

—Estábamos en las carreteras, eso es, queríamos ver para qué sirve esta carretera de aquí. Mientras tanto, seguiré el caminito de las hormigas hasta la cocina y traeré un poco de azúcar.

Se levantó y volvió con cuatro tazas, agua caliente, bol- sitas de té Windsor y azúcar. Entonces Eli señaló el extremo norte de la línea en la pantalla.

—Mira en el lado opuesto de la carretera, en el extremo norte, en Brasil, no va más allá, la carretera se detiene aquí en Bolivia —nos ayudó Elizabeth y le pasó la voz a Bernardo.

—Aquí, esto es Inti Raymi, justo aquí. Una mina de cobre es un buen negocio —comentó Bernardo por detrás, ya debía saber de esta mina.

—Exactamente, eso pertenece al vicepresidente, por supuesto está velado para que no conduzca directamente a él. Así que está claro, ¿por qué sino iban a construir una carre- tera que no conecta dos ciudades, ningún país y que lleva al medio de la nada? Así que el medio de la nada se convierte en una tierra de leche y miel y seguramente sus vecinos de la comunidad 15 de

Agosto comprarán rápidamente camiones y se meterán en el negocio del transporte para transportar cobre.

Elizabeth se levantó y se estiró por todos lados, debía ser un largo día de trabajo para ella. O quizás también quería sacudirse esa desagradable información de su cuerpo.

—Entonces sólo necesitamos saber quién es el dueño de este otro terreno que en realidad era nuestro. Este rectángulo, tiene la forma de un filete de carne.

Creo que tengo hambre —dijo William.

—Sí, tendremos que volver a mirar eso —admitió Elizabeth—, hay un nombre ahí que no entiendo.

—Déjame ver —dijo Bernardo y tomó el papel en su mano. Sacó un par de lentes del bolsillo de su camisa y leyó en voz alta—Neuland, sea lo que sea eso.

—¿Neuland? Creo que sé quién es el dueño del terreno —intervine.

CAPÍTULO XVII

P oco después estábamos sentados en uno de los puestos de la calle Trinidad con platos rebosantes de papas, arroz, fideos y carne delante de nosotros. Era imposible cortar la carne sin derramar la mitad del arroz sobre la mesa. Así que tomamos el pedazo en nuestras manos. Para que los ingre- dientes secos se deslizaran mejor por la garganta, nos servimos abundantemente llajua y luego tragamos las sobras con soda sabor guaraná. Continuamos discutiendo nuestros hallazgos y compartí mi opinión de que la tierra de Neuland
podría ser una comunidad menonita. Bernardo intervino.

—Sí, los menonitas vienen cada vez más a la Chiquitanía, es cierto. Si cada uno de ellos tiene sus 12 a 15 hijos, tendrán que fundar una nueva congregación cada tantos años, de lo contrario estará demasiado lleno para todos.

Recordé los vecinos de la cena en Concepción, que parecían todos troquelados del mismo patrón. Eli opinó.

—Sí, el nombre Neuland encaja con los menonitas. Si no nombran a sus comunidades con el nombre de sus para- deros de origen, como Chihuahua o Nuevo México, entonces tienen nombres como Waldheim, Sommerfeld o Neuland. Estoy seguro de que tú, Ayo, puedes pronunciarlo mejor que yo. Pero, ¿cómo habrán hecho ahora para conseguir un trozo de territorio Arawak? Bernardo compartió su opinión.

—Muy sencillo. Los Arawak somos dueños de la tierra, pero no tenemos ganas de pelear con nadie, allí estamos nomás. Varios campesinos del altiplano tienen buenas relaciones con el gobierno y pueden conseguir tierras para sus comunidades, aunque nos pertenezcan a nosotros, porque vivimos allí tranquilos, además de que piensan que es- tamos desperdiciando la tierra porque no utilizamos nuestras enormes áreas forestales como ellos opinan que deberíamos usarlas. Para ellos, eso significa ayudar a despejar la tierra para el cultivo. Y los menonitas son buenos vecinos en esto. Son pulcros y construyen buenas carreteras y también sólo quieren vivir en paz, pero talan y producen y, sobre todo, tienen dinero. Así que los agricultores simplemente adjuntan algunas familias menonitas a la solicitud de dotación de tierras, algo de dinero va al gobierno, obtienen la tierra y venden a los menonitas su parte. Este dinero es entonces para la primera inversión, para el chaqueo y la quema. Los menonitas están contentos porque tienen tierras para una nueva comunidad y construyen los caminos para los compañeros del altiplano. Los únicos perdedores son..., ya sabes quiénes.

El filete estaba muy sabroso, William se limpió la boca con un trozo de papel cortado a la medida para que le sirviera de servilleta.

—Y luego está el asunto de la empresa maderera.

—Sí, así es —continuó Bernardo—, sacan las mejores maderas antes de la tala, sería una pena.

—¿Y eso es legal? —pregunté ignorantemente.

—No se trata de legalidad, sino de oportunismo —explicó Elizabeth y dejó su plato a un lado—. La legalidad es el trabajo de los abogados.

Siempre pensé que las mujeres comían menos, pero esta vez fui el único que no administró su porción. El hombre del puesto puso mis sobras en una bolsa de plástico y me la entregó.

De vuelta al albergue, me eché a la cama y de repente me sentí tan cansado que apenas podía pensar.

Hacía calor, había humedad, mi estómago estaba ocupado con el filete y mi cabeza con al menos otras tantas calo- rías llenas de información. Encendí el televisor, paradójica- mente estaba pasando un programa llamado Caso Cerrado en la Red Unitel.

Qué programa más adecuado. Poco después, mi aparato digestivo y mi sistema nervioso me pusieron en modo *stand by*. Estoy seguro de que se instalaron muchas actualizaciones en mi cerebro, por lo que fue absolutamente necesario reiniciarlo mediante una buena siesta.

Un ruidoso anuncio publicitario me sacó de mi sueño. No sé cuánto tiempo había dormido, ¿tal vez una hora? La pesadez no había disminuido, de alguna manera tuve que reanimarme. En primer lugar, encendí el aire acondicionado, que realmente no quería utilizar por razones ecológico-ideológicas, pero hacía demasiado calor. Entonces me conseguí un café instantáneo en un vaso de plástico, lo que tampoco era ecológicamente amable, pero mi situación era de emergencia. ¿De qué otra manera se suponía que iba a resucitar? Ya tenía la cabeza algo más activa y estaba ordenando mi in- formación.

Nuestro objetivo era obtener información sobre la propiedad de la tierra en la región de los Arawak. Sí, definitivamente, lo habíamos conseguido. ¿Se resolvió el conflicto con eso? No, sólo era preocupante que la intrusión de los campesinos en la región haya sido oficialmente permitida, incluso fomentada, pero aun así no se pudo calificar de legal ese acaparamiento de tierras. Este término había adquirido un significado completamente nuevo para mí en las últimas 24 horas. Tuve que darme cuenta de que lo legal y lo justo no necesariamente tenían relación lógica. La compra de la legalidad era definitivamente un privilegio de los poderosos. ¿Qué opciones tendrían ahora los Arawak?

Opción 1, retirada. Ya lo habían hecho cuando vendieron la tierra a Joao. Mientras hubiera suficiente territorio, podían retirarse cada vez más hacia el bosque hasta que final- mente se quedaran sin medios de subsistencia.

Opción 2, resistencia. ¿Qué resistencia podrían ofrecer? Combatir no era una buena idea, estaban en minoría y sólo tenían arcos, flechas y algunas armas de fuego contra una masa de campesinos bien organizada que movilizaría todo el aparato gubernamental en poco tiempo. Otra opción de resistencia sería, como se hacía con los vecinos impopulares, hacer la vida lo más difícil posible a los invasores.

¿No podrían soltar unas cuantas serpientes, arañas u otras criaturas venenosas en la comunidad? ¿O celebrar rituales salvajes que provocarían ruido y disgusto?

Pensé en Alemania. ¿Cuál eran las formas de resistencia en Alemania? ¿Existían situaciones comparables? Recordé una situación de deforestación en relación con la extracción de carbón. Exactamente, el bosque de Hambach. Los opositores habían construido allí casas en los árboles y el bosque no podía cortarse, de momento. Sin embargo, nunca había visto casas en los árboles entre los Arawak y no podía imaginar la movilización de activistas en el país que construyeran casas en los árboles en algún lugar de la selva. No, teníamos que encontrar nuestra propia solución.

Hasta aquí el conflicto de la tierra, pero ¿qué significó todo esto para mí? Mi objetivo era bastante diferente, o digamos más detallado. No estaba más cerca de mi objetivo, al contrario, estaba a unos 500 km y una semana más lejos de él. ¿Cuál era mi objetivo? Quería ver el jaguar, el único, verlo una vez y desaparecer de nuevo. ¿Era así? ¿O también quería asegurarme de que este jaguar pudiera vivir una vida digna de animal en los años venideros? ¿Quería asegurarme de que podía vivir y luego ir a buscarlo? Tenía que decidir entre un camino rápido y fácil hacia la meta, con una mala sensación duradera, o una meta lenta y complicada, quizás imposible, con una buena sensación duradera, si conseguíamos garantizar una vida digna tanto para el pueblo Arawak como para el jaguar. Para poder seguir, necesitaba al menos otro litro de café.

No llegué a tomarlo porque una hora más tarde ya estaba en el bus hacia Concepción. Al principio todo iba miserablemente lento, y de repente William llamó desde la terminal de autobuses para decirme que un autobús estaba a punto de salir, y me preguntó si quería ir también.

Así que me apresuré a recoger mis cosas, pagar a la señora del hotel e ir a la terminal. O las cosas iban demasiado lentas o demasiado rápidas, ¿no podía alguien calibrar el tiempo por favor?

Por supuesto que volvimos, no teníamos nada más que hacer en Santa Cruz y por supuesto que hablaríamos con el líder de la comunidad migrante. Así que optaron por la opción 3, el diálogo, ¿por qué no había pensado en eso?

Por primera vez me fijé en las profundas líneas de vida que marcaban el rostro de Bernardo. Una línea corría bajo su ojo izquierdo, desde el puente de la nariz casi hasta la oreja izquierda. Otra línea se formó al hablar, justo al lado de su barbilla, pasó por la comisura derecha de su boca y se perdió en su mejilla. Otras líneas se formaron en la frente, parecía que marcaban la dirección de los pensamientos. En su mayoría se formaban varias líneas transversales, pero a veces se formaba una línea longitudinal torcida, que luego se fundía en la línea de la comisura de la boca. La cara actuaba como un mapa interactivo. Se podía leer la vida en él, se podían activar y desactivar ciertas líneas haciendo preguntas y, ciertamente, se podían interpretar las tonalidades de los colores. Me pregunto si también yo tenía un mapa en mi cara.

¿Qué haría ahora con mi jaguar? Si mis numerosos pensamientos preocupantes no hubieran hecho de las suyas, seguramente el autobús me habría hecho dormir antes. Y si hubiera sabido que, de todas formas, las cosas saldrían de forma muy diferente a lo esperado, podría haber estado más relajado.

CAPÍTULO XVIII

E ra domingo. En realidad, no importaba porque lo mis- mo ocurría los domingos que los lunes, martes o viernes. Pero esta vez sí importaba, porque era el primer domingo del mes, el domingo en que la comunidad 15 de Agosto celebraría su reunión comunitaria.

Tras un poco de lluvia nocturna de la época de lluvia menguante, el día amaneció gloriosamente soleado, aunque el cielo no estaba despejado. Era de un azul brumoso, como si se hubiera extendido una mosquitera blanca bajo el cielo. El tipo de cielo que había estado allí durante la mayor parte de la temporada de lluvias. Una pequeña brisa hacía que la temperatura fuera soportable. El arroyo volvía a tener suficiente agua y, con la ayuda de dos aldeanos, habíamos colocado una larga tubería de bambú para poder construir mi propia ducha en la selva. Había atado unas cuantas esteras para crear una pantalla para tres lados. El cuarto lado ofrecía una vista excepcional a las profundidades de la selva. El piso de la ducha estaba provisto de cuatro gruesas tablas de madera que había atado con corteza de árbol y fijado a unas raíces. Subiendo y bajando la caña de bambú, podía detener el chorro de agua o hacerlo correr de nuevo. Unas cañas de bambú también me sirvieron de ganchos para la ropa. Disfruté de mi ritual de ducha a solas en la naturaleza tanto como lo hacía celebrando mis necesidades personales. Conocía los mejores montículos, libres de hormigas, con puestos de raíces para las grandes necesidades y vistas sin obstáculos para las necesidades más pequeñas.

Me había mantenido alejado de Mabai durante estas semanas, nuestra pequeña relación era demasiado delicada para mí y quería mantener la armonía con mi familia Arawak. Sólo esperaba que este otro tipo de necesidad no se me esca- para en algún momento.

Mi lugar para dormir también se había modernizado entretanto. Hacía tiempo que había dejado de dormir en la estera de Martín, donde había vivido como un intruso duran- te los primeros meses. Martín resultó ser un estudiante que venía de Santa Cruz para su descanso semestral y dormía en la estera de su hermano. Así que ahora habíamos montado una minicabaña en el patio trasero de William, donde se me permitía dormir y que más tarde sería el hogar de uno de sus hijos.

A estas alturas comprendía mejor la vida que llevaban los Arawak. Se trasladaban cada dos años más o menos, ya no cada pocos meses como antes. Fue realmente fácil y rápido establecer una existencia en la selva y organizarse para volver a salir cuando fuera necesario. ¿Cuánto tiempo nos llevaba a los alemanes construir una casa, montarla, decorarla y disfrutarla? Y allí echábamos nuestras raíces y crecíamos hasta convertirnos en gigantescas secuoyas, cuyo trasplante supondría la muerte, por así decirlo. En cambio, en Alemania no teníamos visitas salvajes, no sentíamos la lluvia en nuestras camas, sino que la veíamos a través del doble vidrio, podíamos quitarnos los zapatos en la entrada, colgar los abrigos en el guardarropa, pasar por una alfombra limpia y luego ver las noticias del día para saber lo fuerte que nevaba afuera. Uno y otro tendría perros y gatos de mascota, yo tenía un armadillo. Jacinto lo había encontrado durante su última cacería, con sólo unas semanas de vida. Los Arawak no me habían expli- cado antes que los armadillos eran nocturnos, pero lo sentía desde las primeras noches. Dejé que mi armadillo vagara por el patio la mayor parte del tiempo y pronto decidimos cons- truir un hueco de barro para que se escondiera.

Unos días después de nuestro regreso de Santa Cruz, los tres visitamos la comunidad de migrantes como una pequeña delegación para iniciar una conversación. En lugar de una reunión de trabajo entre dirigentes, se nos invitó a la siguiente asamblea comunitaria como punto del orden del día. Cuántas personas vendrían, pregunté; unas 200, fue la respuesta, y tres de nosotros. Bueno, si eso no era más intimidación que diálogo. Y qué hacía el gringo allí, se preguntaban, me preguntaba yo también. El gringo no tenía nada que hacer aquí, se opuso Belisario Salinas, el representante de la comunidad. Ayo es Arawak, lo convenció Bernardo, y así fui uno de los invitados electos.

Había visto la diligencia con la que había trabajado la comunidad. Desde las primeras lonas poco después de su llegada, ahora, aproximadamente un mes y medio después, ya se habían construido algunos cimientos de casas de adobe, se habían aserrado vigas de madera a medida y se había limpiado una zona considerable. En cualquier caso, se tomaron muy en serio el tercer principio inca *ama quella*, no seas perezoso. Así que hoy era ese día y estaba pensando en qué ponerme, siendo yo un punto de la agenda en una asamblea campesina. ¿Debería parecer serio y ponerme mi único pantalón de tela decente o más bien informal con pantalones cortos y una polera? Esa era toda la opción que tenía en la barra de mi armario de bambú. Opté por unos pantalones de tela con una camisa informal. Intenté varias veces conversar con Bernardo y William lo que se suponía que debíamos decir y queríamos conseguir, pero sólo respondieron que íbamos para conocer a nuestros vecinos. Cada vez tenía más la sensación de que sólo me habían invitado como oyente a esta conversación, así que ¿por qué me llevaban? ¿Qué esperaban de mí? ¿O era una especie de observador internacional para que ninguna de las partes pudiera permitirse ningún desliz? ¿O era yo sólo el ramo de flores para la decoración? Me hubiera gustado un poco más de información para mi definición de rol, pero

al menos sabía que éramos un elemento, un punto de la agenda. Cuándo nos tocaría, pregunté, y cuánto tiempo tendríamos para hablar; el tiempo que necesitáramos, respondieron. Salimos a las 10 de la mañana, que era una buena hora, consideró William.

Cuando llegamos, la reunión ya estaba en pleno apogeo. Pude distinguir a innumerables hombres, mujeres y niños, algunos tenían un asiento VIP en una de las escasas sillas y bancos de madera, otros estaban sentados en ordenadas filas en sus aguayos de colores o en troncos o raíces de madera. Al frente había cinco sillas en una pequeña tarima, allí se sentaban las autoridades de la comunidad, tres hombres y dos mujeres, entre ellos vimos a Belisario. Todo parecía increíblemente organizado, como si el artista del orden Ursus Wehrli hubiera hecho un retoque. Nos sentamos en el borde, en realidad un poco desordenado en la imagen general, pero después de todo no éramos oficialmente parte de ella. El hombre que estaba junto a Belisario tenía un megáfono en la mano y leía en voz alta algunas actas en un idioma que identifiqué como una mezcla de español y quechua, no entendía casi nada. Tal vez fuera el acta de la última reunión o las medidas de seguridad en la vida comunitaria o las últimas normas de Covid, también podría haber sido la constitución alemana, en cualquier caso, sonaba muy aburrido. También estaba claro, por las caras de los presentes, que se trataba de una formalidad no muy emocionante.

Varias bolsas de plástico verdes llenas de hojas de coca circulaban entre los presentes. Observé fascinado cómo cada uno sacaba un puñado de hojas, se las metía en la mejilla y se pasaba la bolsa. Parecía una bolsa de campana en la iglesia, excepto que la bolsa estaba cada vez más vacía, no más llena.

De repente vi una cara conocida, ¿dónde había visto esa cara antes?

William y Jacinto se sentaron a mi lado, completamente relajados. Parecían estar siempre y en todas partes presentes, mientras que yo sentía muy claramente dónde no quería estar en ese momento.

Ya había empezado a contar los sombreros y los aguayos, todo eso me resultaba muy aburrido. Tenía calor y hambre, no era una buena combinación, definitivamente mantendría la boca cerrada, de lo contrario podría deslizar un comentario no deseado. No estaba seguro de si nuestro punto del orden del día iba a salir realmente, cuándo iba a ser nuestro turno, parecía una eternidad. No sabía si era un juego de poder o simplemente parte de este orden el dejarnos sentados durante mucho tiempo. Preguntaría todo más tarde a Jacinto y William, o tal vez podría hablar directamente con esta persona de cara conocida.

Cuanto más tiempo los observaba, más dejaba de percibir a esa masa de gente como individuos para verlos como un todo, como un solo cuerpo. Me recordaron a las abejas. Tenían una clara división jerárquica, división del trabajo y seguían a su reina. Eran laboriosos y producían cosas deliciosas, se notaba la vida del colectivo y no la del individuo. Ya lo había notado en algunas otras conversaciones. Siempre hablaban de *nosotros*, incluso cuando obviamente estaban haciendo algo solos. Curiosamente, las lenguas andinas quechua y aymara, así como algunas otras lenguas, distinguían el nosotros en un *nosotros contigo* y un *nosotros sin ti*. ¿Entonces el *nosotros sin ti* era probablemente también una especie de yo, mientras no hubiera un yo individual?

Una multitud de ellos, sin mí, reaccionó definitivamente como en un estadio de fútbol, en masa. Se movían en perfecta interacción con las cinco personas de las tarimas y sillas VIP. De vez en cuando se gritaba un fuerte sí o simplemente se tarareaba o zumbaba, de nuevo me recordaban a las abejas. Jacinto me sacó de mi panal poniéndose de pie y acercándose al podio. Llegó por fin, el punto, nuestro punto, después de tanta espera interminable. Tras unas copiosas palabras de agradecimiento, Jacinto comenzó su discurso.

—Queridas autoridades, queridos hombres, mujeres y niños de la comunidad de 15 de Agosto —sonaba casi como palabras de un sacerdote—, vivimos aquí juntos en una tierra, un territorio, que compartimos con otras personas, con animales, con plantas y con dioses. Esta tierra no nos pertenece, tampoco les pertenece a ustedes, fue creada por *Dojiti*, el creador o como lo quieran llamar ustedes. Nuestro pueblo ha vivido aquí desde el principio de la historia. Nos comunicamos con los *jichis* del bosque, del río, del aire, para que estén bien dispuestos hacia nosotros. Si los enfadamos, nos castigarán, es la única forma de sobrevivir. Nuestra tierra es rica, somos ricos. Tenemos agua para vivir, tenemos animales para cazar, peces para pescar y tenemos árboles que nos dan sombra y oxígeno. Si cazamos demasiado, los anima- les nos atacan, enfermamos y morimos. Si desviamos el agua, el Jichi se la lleva y los ríos se secan. Cada animal, cada planta puede haber sido alguna vez un ser humano, ¿quién sabe?
¿De dónde procede el tamarindo? ¿O el toborochi? ¿Por qué están aquí los taitetús? La capacidad de comunicarse con los animales se transmite de generación en generación, los gran- des chamanes pueden transformarse en animales y traernos sus mensajes. Esto es lo que nos han enseñado las muchas generaciones de nuestros antepasados.

No podía creer lo que oía cuando escuchaba a Jacinto hablar así. ¿Estaba hablando de mi abuelo? ¿De su capacidad de transformación en jaguar? Me había dicho que no creía en esa historia, ¿no? Y si la transformación era tan común, ¿por qué no podía volver a cambiar, a transformarse en humano nuevamente? Sobre todo, me pregunté, qué pretendía Jacinto con este discurso. ¿Cómo pudo dirigirse a la asamblea y hablar como si estuviera recibiendo a invitados? No creía que estos invitados fueran tan bienvenidos y seguramente Jacinto tampoco, ¿por qué no se quejaba de la toma de tierras?

—Si no respetamos los lugares sagrados, los animales y las plantas, lo notaremos rápidamente. Tal vez caigamos enfermos por la mirada que provoca la enfermedad o el chamán nos eche una maldición y muramos. Tal vez se envíe una oruga burro cuyas espinas causan un fuerte dolor, tal vez nos muerda una serpiente yope o descienda del cielo la serpiente arco iris, quién sabe. En algunos casos, el propio chamán viene en forma de jaguar y juzga. O tal vez sean pequeños insectos, una hormiga tucandera o un boro que se aloja en tu piel, el *Jichi* es muy sabio y nos hará notar nuestros errores. Por eso hemos venido hoy aquí, les pedimos respeto, respeto por todos los seres vivos, para que no les pase nada, ni a ellos, ni a ustedes. Gracias de nuevo a... —y enumeró los nombres de todas las autoridades de la comunidad, luego volvió a nuestro asiento de raíz y como si fuera por sí mismo reanudó su postura atenta.

No nos preguntó: qué tal estuve, les gustó lo que dije, qué tal funcionó mi discurso. Simplemente se volvió a sentar como si nunca se hubiera levantado. Su rostro marcaba la lí- nea de la nariz y el ojo izquierdo en un tono rosado claro y las arrugas de la frente volvían a ser horizontales. Me preguntaba qué significaba eso. Me encantaría aprender a interpretar su mapa facial. ¿Cómo podía hablar con tanta amabilidad a las mismas personas que estaban destruyendo su medio de vida?

¿Cómo no iba a enfadarse por esta intromisión? ¿Pero de qué serviría eso? No podía echar a los huéspedes no invitados, ya tenían sus resoluciones de asentamiento aprobadas. ¿O no?

¿No era eso lo que estaba haciendo ahora? Un pequeño escalofrío aún recorría mi piel al recordar sus vívidas descripciones de los muchos peligros, había mostrado gráficamente con sus manos lo que los diversos animales podían hacer aquí. Había penetrado en las profundidades de la fe hasta un nivel que afectaba a nuestras vidas tanto en el aquí y ahora como en el futuro. ¿Qué había

conseguido? Para mí fue asombro- so y eso que yo no era especialmente creyente. ¿No fue eso también lo que consiguieron los misioneros cuando obliga- ron a los que consideraban salvajes a formar comunidades aldeanas ordenadas en el siglo XIX? Habían trabajado con la fe habían creado un sincretismo entre la creencia originaria en los dioses de la naturaleza y la fe católica, franciscana o jesuita, simplemente habían colocado la figura de la Madre Tierra junto a María, José, Santiago y Guadalupe. La fe en el altiplano era también un cóctel de dioses de la naturaleza como el dios del sol Inti, la diosa de la luna *Killa o Phaxi* y las deidades católicas españolas. ¿Este cálculo iba a funcionar?
¿Qué podríamos conseguir? Quizás un poco de respeto a la naturaleza y una afluencia más lenta de familias, eso nos hu- biera hecho ganar mucho. Esperaba ansiosamente la reacción de nuestros anfitriones.

Si hubiéramos estado en una habitación cerrada, el murmullo podría haberse escuchado, pero fue ahogado por el canto de los grillos, el piar de los pájaros y el susurro de los árboles en el viento. En el siguiente acto de la asamblea ceremonial, Belisario volvió a tomar el megáfono y con él también el liderazgo de la asamblea. La abeja reina tenía que actuar. Tras una reverente pausa, habló, esta vez en español, para que pudiéramos entenderlo todo.

—Compañeros y compañeras, queridos hermanos y hermanas —miró a su alrededor y reflexionó sus palabras—, queremos agradecer a nuestros hermanos Arawak que hayan encontrado su camino hasta aquí. Esperamos que no sea la primera ni la última vez. —Recordé que ya me había asombrado de esa frase una vez en una flota, cuando un compañero de viaje se despidió de mí así después de una pequeña charla— Muchos venimos de lejos, de Oruro, de Potosí, otros no encontraron más tierra en el Chapare y finalmente pudie- ron encontrar un pedazo de tierra para vivir aquí. En el altiplano, la vida es muy dura, trabajamos duro y conseguimos salir de allí. Tuvimos que convertir nuestras pocas papas en chuño para poder sobrevivir, sin la técnica de nuestros ante- pasados de la cultura Tiawanaku, no habríamos podido sobrevivir. Sin curar nuestra carne en charque, no habríamos podido sobrevivir allí. Teníamos que alimentar a toda una familia con tres hectáreas de tierra, así que nos fuimos. Bolivia tiene mucha tierra, tiene más bosque del que necesita.

Volvió a hacer una pausa efectiva, la colmena zumbaba con aprobación.

—Tenemos que trabajar por nuestro país, saldremos de la pobreza y mostraremos al mundo lo que podemos ha- cer. Podemos exportar a China, suministrar soja a Europa y desarrollar nuestra propia industria. Tendremos un centro de investigación nuclear en el lago Titicaca, construiremos nosotros mismos baterías de litio y el mundo se asombrará. También debemos utilizar por fin nuestra tierra aquí en la Chiquitanía, cultivar productos de exportación, arroz, chía, sésamo, para que por fin tengamos progreso. La vida aquí no es un paraíso, ni una tierra prometida, como creen algunos. No estamos acostumbrados al clima, nos pican los mosquitos, despejamos una zona de bosque e inmediatamente todo vuelve a crecer. Muchos compañeros enferman, algunos ya han regresado a su región de origen. El gobierno nos prome- tió carreteras, escuelas y acceso a la electricidad, ¿y qué ob- tuvimos? Nada. Sin embargo, estamos aquí porque queremos trabajar, queremos hacer avanzar nuestro país.

Belisario hizo una pausa artística y buscó el contacto visual con su comunidad. Escupió su bolo al suelo y se rascó la cabeza.

—Cada familia tiene 50 hectáreas, eso es justo. Ustedes, los Arawak, tienen más de 50 hectáreas, por lo que el gobierno ha decidido redistribuir la tierra entre la gente que no tiene o tiene muy poca. También tenemos nuestra relación con los espíritus, como ustedes. La semana que viene haremos una mesa de ofrenda, el ritual que nos conecta con la Madre Tierra.

Así nos aseguramos de que nuestra energía fluya, de que no nos enfermemos aquí. Queremos agradecer de nuevo la visita de nuestros amigos y esperamos que no haya sido ni la primera ni la última vez. ¡Jallalla, compañeros!

Se sentó y entregó el megáfono a una mujer en el podio. De su última frase, la misma que había abierto ritualmente su charla, deduje que debíamos irnos.

El murmullo general se reanudó y la multitud se movió como una gran masa de levadura, soplando de vez en cuando burbujas y algunas personas adoptaron una posición más cómoda para sentarse, otras estiraron la masa, se levantaron y buscaron un lugar alejado para sus necesidades. Los hombres se colocaron un poco a la derecha, mientras que las mujeres, con sus faldas hasta las rodillas, se pusieron en cuclillas, no necesitaban más privacidad para realizar sus necesidades. Muy práctico. Tal vez se podría inventar esto, una falda para orinar para las mujeres que podrían atar alrededor de su cintura si quisieran orinar sin ser vistas en un viaje grupal.

Jacinto también se levantó, pero en lugar de emprender nuestro camino a casa, se alejó a un lado y habló con un migrante que debía conocer. Era un hombre que, al igual que Bernardo, medía aproximadamente 1,60 m y tenía el pelo negro peinado hacia un lado de forma extraña. Recordé la cara familiar que había visto anteriormente. Si no recordaba la cara, tal vez la cara me recordaba a mí. Un gringo entre muchos no gringos era quizás más fácil de recordar que un migrante entre cientos. Aunque no era rubio, se me podía reconocer por mi color de piel caramelo y mis ojos verdes. A ello se sumaba mi altura, poco habitual aquí.

Efectivamente, ahí estaba. Piel curtida, sombrero, probablemente de unos 60 años de edad, sus líneas faciales se asemejaban a la red de metro parisina. A su lado una mujer, con la típica falda, abarcas, aguayo en la espalda y ojos oscu- ros, casi negros. Ahora me vino a la mente. El mercado de San Cristóbal, la sopa, sí, la había visto allí.

—Buenas tardes, ¿quieres un poco de coca? —le mostré una bolsa casi vacía de hojas de coca que había encontrado en un banco. La utilicé para iniciar una conversación.

—Buenas tardes joven, ¿no es, usted, el gringo del mercado dominical? ¿De esa ONG medioambiental? —se volvió hacia un lado y le dijo algo a su mujer en quechua, y luego ambos se echaron a reír. Ambos tomaron algunas hojas de coca, eso fue todo lo que quedó, luego continué la conversación.

—¿Hay una reunión de secretarios de deportes aquí?

—pensé que cuanto más ingenuo preguntara, menos peligro verían en mí y me contarían más cosas.

—No, hoy es una reunión comunitaria normal, además ya no soy Secretario de Deportes. —El hombre respondió de forma algo incomprensible a través de sus verdes dientes.

—Pero, ¿se han mudado de San Cristóbal a esta comunidad?

—No, nosotros tenemos nuestra tierra en San Cristóbal, pero nuestro hijo tiene un pedazo de tierra aquí, pero bueno, siempre para en el Chapare, en realidad estuvo aquí una sola vez. Quiere cultivar la tierra durante unos años y luego volver a venderla. —Eso es exactamente lo que Hugo y Elizabeth habían dicho en la oficina del NAP. Tierra para gente sin tierra, totalmente equivocado, el lema debería ser: tierra para los que son leales al partido y dan dinero.

—Es un largo camino para viajar sólo para la reunión. ¿Por qué su hijo no habla con alguien por teléfono después de la reunión, y así sabrá lo que se decidió?

Después de este aventurado viaje hasta aquí, me resultaba un misterio cómo alguien podía venir voluntariamente hasta aquí para una sola reunión y luego ni siquiera por sus propios intereses. ¿Tendrían su propia movilidad? ¿Tendrían quizás otros intereses y por eso estaban aquí?

—Es muy caro no asistir a esta reunión. Si no vienes una vez, pagas, si no vienes unas cuantas veces, vuelves a perder el terreno. Además, mi hijo todavía tiene que pagar la próxima cuota a Belisario para liquidar todo.

Así fue, un control estricto. El *nosotros* se guardó para que ningún yo pudiera escapar. Me interesaría mucho saber qué era lo que Belisario debía regular. Recordé el párrafo sobre la asignación de tierras que había leído el otro día en mi albergue de Santa Cruz. Decía que la tierra debía ser entregada a los bolivianos sin tierra o con tierra insuficiente. Este criterio obviamente no fue respetado; además, la tierra debía ser proporcionada por el Estado, es decir, gratuita, lo que tampoco fue cierto aquí porque Belisario exigía dinero por ella; finalmente, el título debía pertenecer a toda la comunidad, pero aquí se dividió la torta, se lamió el glaseado y luego se volvió a vender la base quemada del bizcocho pedazo a pedazo. ¿Y si uno fuera a los tribunales con ella? ¿Qué pasaría entonces? ¿Podríamos deshacernos de los invasores de esa manera? Si no podíamos quitarles el título de propie- dad, al menos podíamos demostrar las actividades ilegales y algunas familias tendrían que volver a marcharse. Al menos podríamos retrasar esta destrucción durante algún tiempo, hasta que familias nuevas se hicieran cargo de esta tierra. La siguiente pregunta me sacó de mis pensamientos.

—¿Pero por qué estás tú aquí, gringo? —intervino la mujer en nuestra conversación. Una muy buena pregunta,
¿cómo podría responder?

—Quiero encontrarme una boliviana bonita, no las tenemos de donde yo vengo —respondí y logré el efecto deseado. Se rieron y se dieron la vuelta para marcharse.

Me quedó claro, una y otra vez, lo poco que entendía de todo lo que se escondía en las profundidades de mis imágenes de satélite, de las abejas y de los pasteles y, sobre todo,

de los jaguares. Quería encontrar mi propio yo en una tierra
llena de *nosotros* y hacer del mundo un lugar mejor, mientras
los buenos seguían mutando en malos y los malos en buenos
en un campo de juego sin reglas. ¿Por qué todo tenía que ser
tan complicado? ¿Podría alguien explicarme el mundo, por
favor?

CAPÍTULO XIX

Lo había bautizado con el nombre Archie, a mi armadillo, al igual que mi programa de cartografía GIS que tanto me gustaba, pero que no podía utilizar en ese momento. Eran las 3 de la mañana, así que el mejor momento para cavar, hur- gar, lamer pies gringos salados y derribar una silla, o mejor dicho, derribar la silla, la única que había en mi cabaña. Abrí la puerta y eché a Archie afuera. La noche fue maravillosa. Podía ver muchas estrellas, era luna nueva y estaba completamente oscuro. Aparte de una tibia brisa, nada se movía. Mi mente volvió a las conversaciones de camino a casa. A William le pareció muy divertida mi creencia en el sistema de justicia boliviano y me decepcionó descubrir que también había creído en el principio de separación de poderes. Mientras esta distribución de la tierra fuera promovida por el Estado y sirviera a los intereses políticos, apenas era posible tomar medidas contra ella. ¿Pero qué pasaba con el pueblo?

¿Y los tribunales internacionales?

Me acordé de una curiosa historia que nos había contado Elizabeth en la oficina del NAP sobre la posibilidad de conseguir atención internacional. Una coalición de organizaciones no gubernamentales había presentado una demanda ante el Tribunal Internacional para la Defensa de la Madre Tierra, creado por la propia Bolivia, por la construcción de la carretera que atraviesa el territorio indígena del TIPNIS de la que ya había escuchado varias veces. Unos meses

más tarde, había llegado el informe que enumeraba una serie de delitos contra la Madre Tierra. ¿Y?, pregunté, eso es genial,
¿qué pasó después?

—Bueno —había dicho Eli—, en lugar de mucho ruido y pocas nueces, se podría decir aquí, muchas nueces y poco ruido. El ruido se apagó y la carretera sigue construyéndose. El tribunal volvió a Ecuador.

Yo ya no podía dormir, Archie seguía sin descansar. Ella (¿o era él?) estaba ocupada tirando todos los objetos del patio o haciéndolos sonar. No podía aguantar más. Pero tampoco podía soportar el ruido de mis propios pensamientos. Todavía no estaba más cerca de mi jaguar. Sin pensarlo, me puse las zapatillas y salí corriendo de la cabaña. Cogí mi linterna de la mesa de la cocina y corrí hacia el bosque. Un búho llamó desde la distancia, las hojas crujieron y el cielo todavía estaba estrellado pero muy negro. Delante de mí, un jochi corrió por el camino hacia el bosque, miré tras el roedor y casi tropecé con una gruesa raíz. Rápidamente llegué al lecho del río, al largo tronco del árbol que me evocaba agradables recuerdos y llegué a mi pequeño y familiar claro. Sólo entonces hice una pausa. ¿Realmente quería encontrar al jaguar? También había historias espeluznantes de gatos depredadores y humanos que se encontraban en estos bosques, de hecho, debería volver atrás, pensé. Si sólo me pasara algo, me torciera el pie o algo parecido, tardaría mucho tiempo en ser encontrado por alguien, y tardaría muy poco en ser encontrado por otros beneficiarios diversos del mundo de la fauna. Moscas que se darían un festín en mi herida, hormigas que se arrastrarían por todo mi cuerpo y ni hablar de los visitantes un poco más grandes. Pero no me pasaría, lo sabía, lo sentía, quería sentirlo, así que seguí adelante, adentrándome en el bosque.

Como ya había comenzado la estación seca, ya era mayo, el agua del lecho del río había descendido notablemente, dejando al descubierto los contornos de las raíces y ramas podridas. Salvo algunos charcos, todo estaba seco, así que decidí seguir el cauce del río un poco más allá. Sentía como si la brisa me llevara por el bosque, completamente libre, despreocupado, pero en realidad completamente loco.

Sentía una profunda conexión con el bosque, con los seres vivos y percibía la energía de los árboles. Recordaba a mi tía, que vivía en una casita al borde del bosque en la Selva Negra. Una vez, cuando llegó a tomar café con nosotros, nos dijo que había oído cantar a los árboles. Nos pareció muy divertido y ni siquiera su hermana, es decir, mi madre, la había tomado muy en serio.

¿Cómo suena cuando los árboles cantan? Me preguntaba si los pinos de la Selva Negra también sabrían cantar. Me los imaginaba como un coro masculino conservador, al fin y al cabo, todos estaban en posición de firmes, serios, en fila y con el traje adecuado. Sí, ciertamente, un coro masculino.

A mi alrededor había unas 500 especies diferentes de árboles por hectárea, me preguntaba qué tipo de concierto era este. Asigné una voz de mantra grave a la enorme ceiba de mi izquierda, que descansaba firmemente sobre sus raíces enormes, al tiempo que estiraba sus hojas en forma de dedo hacia el cielo y parecía captar las corrientes cósmicas. Definitivamente era un cantante de mantras. Imaginé las pequeñas lianas como flautas de tacuara, los morados como fagotes y los árboles de mara como didgeridoo. Las palmeras de motacú, asaí y totaí sonaban más como una marimba. Tenía un profundo sentimiento de gratitud y un deseo urgente de abrazar el bosque. Me acerqué a la ceiba, rodeé su tronco con los brazos, cerré los ojos escuchando. Me vi de niño, con el cabello castaño y los brillantes ojos verdes almendrados, perdido en el bosque. Debía tener unos tres años. Me parecía una eternidad, no había encontrado a mis padres después de haber ido a recoger frutas silvestres. Había seguido a un monito, eso debió ser poco antes de que mi madre se mudara a Alemania conmigo. Seguramente fueron sólo unos minutos, pero en la corta vida de un niño de esa edad fueron años.

Había pensado que un jaguar iba a comerme cuando mi madre apareció entre los arbustos. Había corrido hacia ella y me había estrechado entre sus brazos con tanta fuerza que todo el miedo había salido de mí en un gran río de lágrimas.

Me quedé así abrazado durante mucho tiempo e incluso ahora sentía las lágrimas correr por mis mejillas, como el niño de tres años y como el arroyo a mi lado durante la temporada de lluvias. No eran lágrimas de tristeza, no eran lágrimas de alegría, eran simplemente lágrimas de profundidad, salían de mis entrañas y lavaban mi tensión. Era tan abrumador, como si me acariciaran directamente el corazón, tanto así que no quería soltar al árbol nunca más.

Una y otra vez se escuchaba un crujido en la maleza, pero no se veía nada. Finalmente me separé del abrazo del árbol y encendí mi linterna. La luz sólo alcanzaba unos dos metros y sólo apuntaba al suelo delante de mí. Intenté seguir sintiendo el entorno. Cómo me gustaría tener un sentido tan diferenciado como el de los animales. Podían percibir los terremotos, oler a las hembras a kilómetros de distancia, encontrar el árbol frutal más cercano y, lo más importante, todos sabían qué hacer en este ciclo de la vida. No necesitaban sacerdotes, presidentes o personas influyentes que les explicaran lo que era malo y bueno en este mundo; no tenían que trabajar para conseguir un objetivo; no tenían que preocuparse por el dinero, la electricidad, los contratos de alquiler de la sociedad de crédito hipotecario y las máquinas lavadoras, aspiradoras y otras tantas *doras*, y pasarían de este mundo, un día, sin más, sin disputas por la herencia ni respiradores. ¿Pero era su vida más fácil? ¿O más feliz? ¿Quizás más realizada? ¿Cómo se podría medir algo así?

Delante de mí había un tronco de árbol muy grueso que cruzaba el lecho del río, me era imposible pasar por debajo o por encima, y miré hacia los arbustos de la derecha y la izquierda. Laderas empinadas, arbustos densos. Me quité la camiseta, cerré los ojos y oriné junto al tronco del árbol. El entorno me penetró, volví a ser parte del bosque y el bosque parte de mí. Delante de mí, en un claro, había visto un arbusto de urucú. Me froté con las semillas rojas del arbusto para mantener a los mosquitos alejados de mí y quizás también era mi forma de fusionarme con el bosque.

Recogí unas cuantas cápsulas, me di la vuelta de nuevo y volví a caminar por el lecho del río cuando el resplandor de mi lámpara divisó de repente unas huellas muy frescas en la arena de un animal grande. Acerqué la luz y vi que el animal me había seguido y había pisado directamente mis mismas huellas hasta justo donde yo había abrazado el árbol. Allí se había dado la vuelta y había vuelto a huir directamente dentro de mis huellas. Debía haber estado parado directamente detrás de mí, que susto. No lo había notado. Un pequeño escalofrío recorrió mi columna vertebral, algo había estado tan cerca y podría haberme hecho daño. Quise ver más de cerca las pisadas y busqué la huella más clara. Era la huella de una pata delantera con cuatro dedos distintos redondeados sin marca de garra. No había duda, era la huella de un jaguar.

CAPÍTULO XX

E l paisaje se volvía cada vez más seco, las cosechas se recogían y los fuertes vientos anunciaban el invierno tropical. De vez en cuando, llegaban corrientes de aire frío de la Patagonia y se ponía muy fresco durante unos días, el llamado *sur*. Había ido varias veces a Concepción, por un lado, para comprar una segunda chompa y por otro lado para acompañar a William, porque entretanto nuestros esfuerzos ya habían logrado algunos avances concretos. Al fin y al cabo, William había conseguido que se llevara a cabo la zonificación y se firmara un acuerdo mutuo con la comunidad de migrantes. El territorio Arawak se dividía ahora en zonas de caza, zonas residenciales, zonas forestales, zonas protegidas y zonas agrícolas incluyendo el área de invasión de los migrantes. Una parte de la zonificación consideraba los terrenos adquiridos por la comunidad de migrantes. Se había clasificado como zona residencial y las hectáreas de tierra alrededor de la zona residencial, como tierra agrícola. Esa era la condición de los nuevos asentados para firmar este acuerdo. Por otro lado, la zona forestal adyacente fue designada como zona de conservación estricta con la esperanza de evitar que los migrantes siguieran expandiéndose. La categorización se había realiza- do teniendo en cuenta consideraciones ecológicas y geológicas, siguiendo el plan de uso de suelo PLUS, con el apoyo del NAP, pero también se había tenido en cuenta consideraciones prácticas y de resolución de conflictos. Por ejemplo, la zona de los migrantes en el PLUS habría sido designada oficial- mente como reserva forestal y, por tanto, de uso exclusiva- mente forestal.

Conociendo los antecedentes forestales de nuestros visitantes, para quienes cualquier bosque que tuviera más de un árbol por hectárea parecía presentar una amenaza, los Arawak acabaron aceptando la errónea zonificación como tierra agrícola, con la condición de que los migrantes dejaran en paz el resto del bosque. Esto funcionaba muy bien por el momento, pero después de todo, aún no había llegado el momento de chaqueo y quema. Pronto los incendios arderían dentro de los bosques prístinos, como todos los años, porque se suponía que la tala y la quema harían que los nuevos bosques dieran paso a la agricultura o al pastoreo. Mi conciencia ecológica no podía entender esta práctica, me dolía el corazón.

Desde el día anterior, estaba de vuelta en Concepción en busca de un poco de conexión con el mundo globalizado. Así que disfruté de todos esos elementos: una lata de Sprite, un plato de lasaña con arroz (todas las comidas en Santa Cruz se servían con arroz) y un chocolate Nestlé de postre. Luego hice llamadas telefónicas a mi madre y a mi hermana, envié correos electrónicos a otros mundos y me ocupé de mi dinero, que tuvo que ser transferido virtualmente desde mi cuenta de ahorro a mi tarjeta de crédito, para ser escupido físicamente del cajero en billetes de 100 bolivianos. Volví a disfrutar de la compañía de Archie y aproveché el tiempo para pasar la nueva zonificación a mi mapa en ArcGIS.

Miré mi trabajo con satisfacción. La mayor superficie era la destinada a la silvicultura, seguida por las zonas protegidas en las que sólo se permitía la caza y la pesca tradicionales. A estas alturas, mi mapa se veía maravillosamente colorido, me gustaba. Había marcado la zona de los migrantes en color gris. Tal vez quería hacerlo menos visible o incluso mostrarlo como incoloro. Las zonas forestales eran verdes, las zonas agrícolas marrones, las zonas residenciales de color gris-negro y la zona de protección estricta la había marcado con la figura de un jaguar. En medio, en línea interrumpida negra, estaba el proyecto de la carretera.

Guardé la laptop, volví a salir a la calle y absorbí a la gente. Me sentía como si estuviera en una gran ciudad, aunque no se podía decir eso con 15.000 habitantes.

De camino al mercado, donde quería comprar un almuerzo, me encontré con Chacho. Recordé nuestra instructiva conversación en el micro y decidí unirme a él. Estaba sentado con una mujer en un banco de madera del mercado y disfrutamos juntos de un trozo de carne con yuca y arroz con queso.

—Hola Ayo, ¡que gusto verte! Ella es Carmencita, trabaja aquí en el municipio en el Comité de Mitigación de Desastres Naturales y Atención de Emergencias Comunitarias - CODAC. Carmen, conocí a este joven una vez en un viaje en micro —explicó Chacho, rociando un poco de llajua picante a su filete.

Los tres teníamos un enorme trozo de carne en nuestros platos, sólo esperaba que esta vaca de aquí hubiera estado caminando felizmente por la Chiquitanía hasta hace unos días y no hubiera desplazado a mi jaguar en el proceso. Lo había sentido tan cerca, al jaguar, había estado literalmente pisándome los talones. Me preguntaba por qué. ¿Qué hizo que un jaguar siguiera a un humano? Estaba un poco frustrado a pesar de la increíble experiencia en el bosque por haber estado tan cerca de mi objetivo y sin embargo no haberlo visto. Lo había intentado durante cinco noches más sin volver a encontrar la sensación del bosque ni al jaguar. Después de eso, había ido hasta Concepción con frustración.

—Sí, así es, soy Ayo —respondí, tratando de parecer encantador e inteligente a la vez. Carmencita me sonrió. Era de mediana edad y llevaba su larga melena negra atada un poco hacia un lado en una sola trenza que colgaba sobre su hombro derecho por delante del pecho, casi tocando su plato de comida. Su blusa blanca tenía un típico bordado chiquitano en la fila de botones, un dibujo en zigzag marrón y amarillo y un ángel bordado en el bolsillo izquierdo del pecho. Tenía las alas recogidas por encima de la cabeza y en el centro aparecía la cara de un niño que nos miraba piadosamente en to- nos marrones y amarillos.

—Son los colores de nuestra tierra —añadió Carmencita cuando se dio cuenta de que miraba su blusa. Recordé el viaje en carro hasta aquí desde Santa Cruz y la llamativa tierra roja del suelo margoso calcáreo. Sobre todo, me había sorprendido que estos suelos siguieran siendo relativamente fértiles a pesar de la escasa capa de humus. Sólo mientras no falte un elemento: el agua.

—Sí, realmente impresionante, la tierra roja —respondí—. Casi parece fuego, pero estoy seguro de que también hay que lidiar con eso en las catástrofes, ¿no? —le pregunté a Carmencita, abordando inmediatamente mi gran preocupación por la proximidad de la temporada de tala y quema.

Había oído hablar mucho de los incendios galopantes que oscurecían regularmente incluso el cielo de la ciudad de Santa Cruz en los meses de agosto y septiembre. Chacho intervino tras limpiarse la boca con una servilleta medio corta- da.

—Sí, por supuesto, los incendios están ahí todos los años. Eso es importante. ¿Sabes que la Chiquitanía sólo existe con fuego? Hay plantas que no vivirían sin el fuego. —Volvió a tener ese tono de profesor que ya había notado en nuestro primer encuentro en el viaje.

—Pero un momento, ¿cómo puede ser bueno el fuego? Bueno, entiendo que es más fácil y rápido, y desde luego más barato, simplemente quemar el bosque en lugar de talar el bosque con grandes maquinarias. Pero, ¿qué daño estamos haciendo con semejante fuego? ¿Y qué pasa con los animales?

El tema me había afectado mucho.

—Piénsalo, imagínate eres un agricultor de aquí y quizás puedas pedir prestado un tractor de vez en cuando junto con tu comunidad. Entonces podrás decidir si quemas tu campo durante un corto periodo de tiempo o si adquieres algunas máquinas caras y te endeudas. Además, has aprendido a utilizar el fuego para que las plantas vuelvan a brotar. ¿No harías tú lo mismo? —preguntó Carmencita.

—Sí, es lo mismo que vender tierras. Cuando pienso en el hoy y el ahora, naturalmente tomo decisiones diferentes que cuando pienso en la situación del mundo dentro de 30 o 50 años —respondí.

—No sabes el lujo que es poder pensar en un futuro tan lejano. Te das el lujo de no tener que preocuparte por tu vida hoy y mañana y la semana que viene, de no tener que preocuparte por la supervivencia de tu comunidad, te das el lujo de conseguir toda la educación e información que quieras o no quieras, en cualquier caso, conoces las conexiones y te das el lujo de poder viajar hasta aquí. Tienes el lujo de poder tomar decisiones por ti mismo y puedes pensar en tu futuro. Pero sólo puedes decidir por ti mismo, no por estas personas.

Las palabras de Carmencita me golpearon, tenía mucha razón. Pero había algo que todavía no me quedaba claro.

—Me dijiste antes que el fuego se supone que era bueno, ¿pero para qué, aparte de ser fácil y barato?

Chacho intervino de nuevo.

—¿Has visto alguna vez un típico prado de ganadería aquí? ¿Qué aspecto tiene?

No entendía a que venía eso.

—Bueno, sí, consiste en vacas, pasto, colinas, un atajado.

—¿Y qué más?

—Algún vaquero.

—No, me refiero a la vegetación, ¿qué más hay a parte de la hierba?

—Hmm, tal vez algunas palmeras.

—Sí, exactamente, estas palmeras sólo pueden crecer después del fuego. Su núcleo es tan duro que la semilla sólo puede brotar al calor del fuego.

—Sí, de acuerdo, ¿y qué sentido tiene ahora quemar

una selva para luego tener un prado en el que las palmeras se lucen a una distancia de al menos 10 metros?

—Se trata de la combinación, no del a o b. Por lo tanto, necesitamos el fuego de vez en cuando para que ciertas plantas puedan crecer y la ceniza nutra el suelo. Pero algo completamente diferente cobra igual importancia. ¿Qué pasa si la vegetación de aquí no recibe agua durante unos meses en la estación seca?

Chacho realmente debería haber sido profesor. Me recordó a Frau Walsch, mi profesora de geografía en la escuela secundaria. Ella hablaba de la misma manera y, en realidad, tengo que admitir que había aprendido mucho de ella. No sólo mi historia familiar había impulsado mi interés por la cartografía y los países extranjeros, la Frau Walsch también había contribuido. Sin embargo, noté que algo en mí se resistía al lenguaje de Chacho. Quería sentirme mayor, dejar de ser un niño de escuela.

—¿Todo se está secando? —dije, bastante desmotivado.

—¿Y? —siguió preguntando.

—¿Y qué?

—¿Y cuál es el peligro?

—Bueno, fuego, pero ya hemos pasado por eso. O me estás diciendo que... uih...

Finalmente me di cuenta de lo que quería decir Chacho.

—¿Quieres decir que usan el fuego contra el fuego?

—Bingo —. Así que la gente conocedora provocaba incendios estratégicos y controlados para evitar incendios mayores.

—Y luego entramos en acción nosotros —Carmen nos había pedido a todos una gelatina de pata—, nos llaman cuando los incendios se descontrolan y arden solos, pero muchas veces no se puede saber con seguridad. Algunos intrusos prenden fuego en zonas en las que les gustaría establecerse y luego dicen que el fuego se inició por sí solo.

La situación me asustó mucho. Nuevos migrantes acababan de entrar en el territorio Arawak, un proyecto de construcción de una carretera favorecía la conexión con Concepción, el gobierno fomentaba los asentamientos y las quemas, si es que todo eso no apuntaba a la proliferación de gigantescos incendios forestales este año.

Un incendio aleatorio podría acabar con la mitad del territorio de los Arawak, ¿qué harían entonces? Y yo podría olvidarme de mi jaguar por siempre.

—¿Y qué se puede hacer para evitar que esto ocurra? Entonces, ¿cómo se controla? ¿Se castiga a la gente por prender fuego ilegalmente?

Carmen tenía una mirada un tanto resignada, probablemente llevaba muchos años luchando con estas cuestiones. Si hubiera tenido que describir su cara como un mapa, hubiera pensado que era como un pasto de vacas en la temporada de lluvias. Sus mejillas me recordaban a los exuberantes prados, sus ojos y su boca a los pequeños lagos, su rostro parecía muy tranquilo y armonioso. Se sirvió lo último de su gelatina y miró a lo lejos.

—La evasión es realmente difícil. Se supone que las multas deben disuadir a la gente, pero el año pasado sólo se impusieron cinco multas y debió de haber 200 lugares de quema ilegal probados. La burocracia es demasiado complicada, tampoco hay voluntad política. Un agricultor de soja dijo una vez que, si quema ilegalmente, ya habrá terminado dos cosechas para cuando se haga el papeleo oficial para legalizarla, por lo que era más factible para él pagar la multa con los ingresos de la primera cosecha y seguir deforestando ilegalmente. Eso era más rentable que pasar por toda la burocracia y detener el cultivo durante tanto tiempo. Con la concienciación tampoco conseguimos mucho hasta ahora. Pero se puede rastrear muy bien con los mapas topográficos dónde se inició exactamente el incendio y a partir de ahí se puede concluir a menudo quién lo inició. Se pueden captar los focos de calor en las imágenes de satélite e identificar los puntos exactos. Entonces hacemos un seguimiento diario y podemos ver cómo se propaga el fuego. A menudo los lugares están en medio de la selva, no podemos llegar a ellos o tardamos muchos días en llegar. Y mucho no podemos hacer con unas pocas personas, mochilas de agua y machetes.

Escuché atentamente y resolví ver con mi Archie cómo podía identificar estos focos de calor, para poder ver yo también cuándo nosotros, los Arawak, teníamos fuegos ardiendo antes de que fueran demasiado grandes. Pero, por desgracia, eso sólo era posible aquí, en la ciudad, con una conexión a Internet.

Sonó el teléfono, Carmencita se excusó, atendió la llamada y se alejó unos pasos de nuestra mesa. Su rostro parecía serio, se limitaba a escuchar y no decía casi nada. Tal vez algo oficial del municipio. Me comí mi gelatina y miré los dibujos de aceitunas, vino y queso que decoraban nuestro individual de plástico. Me preguntaba si alguien de aquí había probado alguna vez comida así.

—Tengo que irme —fue la única explicación que nos dio Carmencita. Eso fue demasiado poco para Chacho.
—¿Por qué tan repentinamente, a dónde tienes que ir?

—San Ignacio, o sea en esa dirección. —Señaló con el dedo apuntado hacia el noreste.
—¿Qué ha pasado ahí? —intervine.

—La nueva carretera, ya sabes, es donde los menonitas se establecieron ahora.

—¿Neuland? —pregunté libremente, esa era también la única comunidad menonita que conocía.

—¿Cómo lo sabes? —Debo haber impresionado a Carmencita.

—Por casualidad, vimos algunos documentos y nos enteramos de una venta de tierras por parte de los migrantes a los menonitas. —Traté de recordar. Una red tan enmarañada de concesiones y ventas de tierras, legales e ilegales, ¿quién podría ver a través de ella?

—¿Por qué no te llevas a Ayo contigo? —sugirió Chacho—. Tal vez incluso te pueda traducir su idioma.

Recordé la conversación que había escuchado una vez. No entendía mucho del alemán bajo menonita. Pero la idea de viajar allí me resultaba muy atractiva, acariciaba mi corazón aventurero y viajero.

—Hmm, no sé si tenemos espacio, tal vez. ¿Por qué no vienes con nosotros a la oficina del municipio? —sugirió Carmencita.

Conseguí negociar unos minutos de tiempo para prepararme y me contacté con William. Sabía que teníamos planes distintos para este viaje, él y yo, pero aun así me sentía obligado a hacerle saber que iba a estar en campo. También me gustaba sentir que alguien me buscaría si no volvía o me preguntaría cómo me había ido. Me compré una botella de agua y galletas de agua como provisiones de viaje. Se suponía que íbamos a volver por la tarde, ¿no era así?

CAPÍTULO XXI

Q ué vamos a hacer allí exactamente, con los menonitas?
—Me alegré de conseguir un asiento en la camioneta interior junto a Carmencita. No es que no me hubiera gustado ir en la parte trasera, pero tenía muchas más preguntas y la única persona que conocía era ella. Estábamos en el camino con dos camionetas, una de la municipalidad de Concepción y otra de la municipalidad de San Ignacio, cada una cargada con herramientas como palas, tablas, un bidón de gasolina, pero también dos bolsas de yute abultados y tres jóvenes que se habían acomodado en la parte trasera de la camioneta. Así que nos movimos por los caminos, que muy rápidamente se perdieron en el profundo bosque. Traté de indagar con Carmencita qué exactamente íbamos a hacer.

—Mirar —respondió, como si eso lo aclarara todo. Pero era muy poco claro para mí. ¿Para ver si los menonitas estaban realmente allí? ¿O tal vez mirar para ver cuántos había, o mirar para ver si tenían un título de propiedad oficial? ¿O ver si eran amables y nos invitaban un café?

—¿Por qué el municipio de San Ignacio también está involucrado? —seguí preguntando, esforzándome por no ser molestoso con todas mis preguntas.

—¿Sabes en qué provincia estamos ahora mismo?

—¿Um, Ñuflo de Chávez? —Era un buen estudiante, pensaba, porque había estudiado previamente a qué provin- cia pertenecía Concepción. Pero la respuesta me siguió sor- prendiendo.

—San Ignacio de Velasco.

—¿De verdad? ¿Ya? —Sólo habíamos conducido una corta distancia hacia el norte, pasando por el gran aserradero y luego, después de una media hora, giramos a la izquierda hacia el bosque. Queríamos abordar el proyecto de la carretera desde el lado norte. Si la construcción ya había avanzado tanto, iba a ser posible llegar a la comunidad de 15 de Agosto a través de este mismo camino. Esto no fue una buena noticia. Llegarían más migrantes, desaparecería más selva y también el jaguar.

—Sí, la comunidad 15 de Agosto está a sólo 10 kilómetros de la frontera provincial y ya no somos responsables de nada fuera de esa frontera, por eso vamos aquí junto con la vecina municipalidad San Ignacio.

—¿Y por qué la llaman a usted si esto no queda dentro de su provincia y, en segundo lugar, no hay ningún desastre aquí? —Esta vez no me reprimí con mis preguntas.

—Porque, en primer lugar, nos apoyamos mutuamente y, en segundo lugar, no tenemos campos de trabajo tan estrictamente separados. Sólo somos 10 personas en el municipio, así que todos tenemos que hacer un poco de todo. —Carmencita se rio. —Y estas 10 personas ahora están todas sentadas aquí en la camioneta, ¿quién vaya al municipio ahora se encuentra con las puertas cerradas? —Esto sonaba muy solidario, pero en términos concretos significaba que los empleados individuales apenas encontraban tiempo para su propio trabajo porque estaban muy ocupados con las tareas de sus compañeros y quien necesitaba algo del municipio tenía que encontrar el increíble momento en que no todos los empleados se adentraban en el bosque en una camioneta.

—No, no, no es así. Aquí sólo somos tres, los demás son personal operativo, los llamamos para tareas específicas. Si tenemos que extinguir un incendio, por ejemplo, también necesito a más gente y llamamos a los bomberos voluntarios.

—Ok, sí, eso tiene sentido.

De nuevo, para entender, ¿qué es exactamente lo que vamos a ver hoy? —pregunté.

—Esta comunidad menonita se unió a una nueva comunidad llamada Che Guevara, para solicitarnos la inclusión al plan anual POA. Sólo así pueden tener acceso a la electricidad, al suministro de agua, a escuelas, etc. Ahí es donde tenemos que ver si realmente viven allí y cuántos hay. También queremos comparar sus títulos de propiedad con la situación real de la comunidad.

—Pero, ¿por qué iban a crear una comunidad y luego no estar allí? ¿Por qué iban a solicitar un terreno y luego no utilizarlo?

—Bueno, lo están usando, sólo que no en el sentido de la ley. Solicitan las tierras a través de sus contactos directos; por ejemplo, nos enteramos de que una familia de esta nueva comunidad está directamente relacionada con el presidente. Entonces vienen, queman el bosque. La tierra forestal se convierte en tierra de pastoreo. La tierra se triplica en valor y entonces la venden de nuevo.

Carmencita había traído una botella de Vital, el agua fría parecía muy refrescante. También saqué mi botella de agua de la mochila.

—Pero en realidad no se les permite venderlo, ¿verdad? —Recordé que esta asignación de tierras era comunal y, por lo tanto, no se podían vender parcelas individuales.

—Lo único que cumplen con la ley es la función económica y social, la FES, que exige el INRA. Si no demuestran esta función, se les vuelve a quitar la tierra. La deforestación mediante la tala y la quema demuestra que se cumple la función económica. Y si luego el fuego es llevado un poco más lejos por el viento, son felices, ya menos trabajo para ellos y más tierra cultivable. En realidad, esto está en contradicción con la ABT, la autoridad forestal, a la que hay que solicitar permiso de deforestación. El año pasado simplemente am- pliaron el área permitida para deforestar, o sea, facilitaron más aún los incendios. La autoridad forestal controla que se haga la menor tala posible, mientras que la FES promueve que se deforeste.

Un verdadero quilombo. Los campesinos suelen tener contratos con la agroindustria de antemano, consiguen semillas genéticamente modificadas y luego cultivan la soja aquí. En San Julián y Cuatro Cañadas ya han deforestado y cultivado todo, no hay más espacio.

Nos adentramos cada vez más en el bosque y se podía ver claramente que este camino era bastante reciente.

—¿Quién hizo esta carretera por la que estamos circulando? No me puedo imaginar que haya sido un proyecto del municipio, ya que las comunidades aún no eran oficiales y eran demasiado nuevas.

—No lo sabemos exactamente, pero la empresa maderera y las nuevas comunidades están interesadas en tener un buen camino. Los mejores en la construcción de carreteras son los menonitas. Trabajan mucho, son ordenados y fiables. Por eso a los migrantes les gusta tener una comunidad menonita a su alrededor. Los menonitas necesitan a los migrantes para conseguir tierras y los campesinos necesitan a los menonitas para conseguir buenas carreteras. Todos salimos ganando. Algún trato habrán hecho para esta carretera de aquí.

Llevábamos ya unas dos horas de viaje, no tenía ni idea de cuánto tiempo iba a durar el trayecto, cuando de repente paramos en medio de la nada. Todos salieron de las camionetas e inspeccionaron el bosque a nuestra derecha. No pude ver más que un pequeño sendero. Caminamos por él hasta llegar a una precaria construcción de madera. No era más que un refugio hecho con cuatro pilares de madera y una calamina encima. Junto a ella había unas cuantas lonas, bolsas de plástico y restos de una fogata. Incluso yo podría haberlo construido mejor, pensé. El personal de los municipios sacó algunas fotos y luego intercambió palabras entre sí.

—Esto coincide con los datos geográficos del GPS, esta

debe ser la comunidad Che Guevara. El año pasado votaron oficialmente 103 personas de este municipio en las elecciones locales y, como se puede ver, están tan ausentes como el verdadero Che, ya lo sospechábamos.

Una vez más un traslado de gente en camiones sólo para votar aquí y debilitar el voto de nuestro pueblo. De lo contrario, nunca habríamos tenido una proporción tan grande de votantes del partido oficialista. —Explicó un hombre corpulento con una camisa de cuadros que se le había salido a medias de los pantalones.

El hombre parecía capaz de empujarnos con facilidad si nos quedábamos atascados en el barro. También tenía la tez muy oscura, la cara redonda y el pelo negro y corto que se le pegaba a la cabeza con este calor. Pensé en cómo se sentiría la piel mojada de un jaguar.

—Sí, es lo mismo en Concepción. La comunidad 15 de Agosto ya votó antes de saber cómo se escribe Concepción. En total tenemos 15 nuevas comunidades de este tipo desde los últimos tres meses y no sabemos dónde vive realmente la gente y dónde sólo están especulando con la tierra —respondió un hombre delgado llamado Elio después de escupir las semillas de su mandarina al suelo. Había viajado con nosotros en la parte delantera de la movilidad, y durante el viaje, junto con nuestro conductor, había hablado largo y tendido sobre la última fiesta del pueblo.

El viaje continuó. Me alegré cuando descubrí que uno de los sacos de yute de nuestra camioneta estaba lleno de mandarinas y nos permitieron servirnos. Era la estación seca, la de los cítricos, y había visto en el mercado que se podían comprar 50 mandarinas por menos de 2 dólares. Y estaban deliciosas. Eran difíciles de pelar y tenían más semillas que el pan multicereal alemán, pero eran increíblemente dulces y jugosas.

Una hora más tarde nos detuvimos frente a un escenario cinematográfico del siglo XVIII. Pequeños y

cuidados jardines, vallados y pintados de blanco, pequeños caminos pavimentados, conducían a una casa de estilo colonial que destacaba sólo por estar pintada, a diferencia de casi todas las demás casas de aquí. La pared exterior
blanca de la casa, con su tejado a dos aguas e imitación de
tejas, interactuaba en perfecta armonía con las coloridas flores del jardín. Junto a él se alzaba un enorme granero abierto,
adornado con un poderoso tractor. Las ruedas parecían muy
extrañas, hasta que me di cuenta de que no tenían neumáticos
de goma, sino aros de acero, que serían absolutamente
inadecuados en las carreteras de asfalto. Elio explicó que esto
era para evitar salir de la comunidad, ya que estas ruedas de
acero no podían circular por las carreteras. El control comunitario era un elemento importante para los menonitas.

Un poco más a la izquierda había otras tres casas del
mismo estilo, delante de las cuales había una carroza de caballos con un vagón adosado, en el que podían sentarse cómo-
damente ocho personas en bancos acolchados y que se pro-
tegían del deslumbrante sol con una lona de sombra. Todo
parecía maravillosamente armonioso y me preguntaba cuándo vendría el equipo de cámaras a la vuelta de la esquina a fil-
mar el siguiente episodio de la serie *Anne with an E*. No pudimos ver a ningún residente. Salimos de las camionetas y nos
acercamos a la entrada de la casa. El fornido hombre de San
Ignacio, que se llamaba Juan-Marcelo Berrantes, según pude
captar en las conversaciones, se adelantó y gritó algo. Detrás
del muro de la casa de la izquierda, pude distinguir el pálido
rostro de una mujer. Llevaba un pañuelo en la cabeza, un vestido largo sin costuras y obviamente se escondía de nosotros.
Nos miró con frialdad y temor, como si quisiera desterrarnos
con su mirada. Lo sentía como un escalofrío en mi piel, me
hubiera gustado irme inmediatamente. Detrás de la mujer
podía distinguir ahora las miradas curiosas de los niños. Se
notaba que les hubiera gustado salir, pero la mujer los retuvo.
Se parecían a la familia que habíamos visto en Concepción.

Los dos chicos llevaban overoles perfectamente planchados, mientras que la niña rubia llevaba un vestido largo y sus trenzas estaban artísticamente acomodadas en la parte superior de la cabeza. Un peinado así no habría durado ni una hora en nuestra familia. Me gustó ver que incluso aquí los niños eran abiertos y curiosos, debe ser así en todo el mundo.

¿Por qué la madre había perdido esta curiosidad? ¿Qué había experimentado para volverse tan fría?

—Buenos días —sonó una voz suave y distinguí a un joven rubio y blanco que se había colocado a cierta distancia frente a nuestra delegación. Me miró con sus ojos muy fríos y tímidos, como si estuviera considerando de qué congregación menonita podría haberme salido. Y esto a pesar de que yo no era un tipo rubio como él, pero sí un gringo. Se quedó allí como si su profesor de matemáticas en la escuela le hubiera ordenado ponerse delante de la clase para que todos sus compañeros pudieran reírse de su problema matemático equivocado. Tenía la cabeza ligeramente bajada, los hombros levantados y la mirada llena de miedo, como la de su mujer. Yo, a cambio, esperaba fervientemente que pronto pudiéramos poner fin a esta dolorosa situación.

—¿Es esta la colonia de Neuland? —preguntó Juan-Marcelo. El hombre pálido negó con la cabeza. Me pregunté si no hablaba español o simplemente era demasiado tímido para hablar. Juan-Marcelo no se dejó intimidar y siguió hablando.

—¿No es Neuland? ¿Cuál es el nombre de esta colonia? Queremos ir a la colonia de Neuland, ¿puede decirnos qué camino tomar? —habló como si se tratara de una conversación normal en la plaza y no de una súplica extremadamente desagradable a un hombre que, evidentemente, estaba su- friendo por tener que hablar con nosotros.

Volvió a sacudir la cabeza y dijo "no es Neuland, no lo es". Me aventuré a seguir adelante, después de todo valía la pena intentarlo.

—¿Hablas alemán? —le pregunté al hombre en idioma

alemán alto tan amablemente como pude. Me miró sorprendido y asintió.

—¿Es esta la colonia Neuland? —traducía nuestra pregunta al alemán.

—Esto no es, esta colonia es Manitoba 2.
Hablaba en voz tan baja que apenas podía oírle, en una mezcla de dialecto alemán bajo y alemán alto.

—¿Podría decirnos cómo llegar a la comunidad de Neuland, por favor? —pregunté con cautela.

—Por ahí. —Señaló con la mano la dirección del camino hacia el sur, así que probablemente tendríamos que ir un poco más lejos.

—¿Cuánto falta? —quería saber, pero sólo obtuve la misma respuesta que antes.

—Por ahí.

Antes de seguir conduciendo, llenamos unas mandarinas en una bolsa de plástico y se las entregamos al hombre. Tal vez así no recordaría tan mal nuestra visita.

Volvimos a las movilidades y condujimos un poco más por el camino. Era la primera vez que nos encontrábamos con un vehículo, esta vez un tractor con una casa de remolque. Parecía muy surrealista, como uno de esos programas de National Geographic, *Mudanzas enormes,* o *Las 10 casas más ligeras del mundo* o algo así. Había un armazón unido a la parte trasera del tractor, y sobre él había una pequeña casa que parecía prefabricada, de paredes finas y grises y un techo sencillo. Tuvimos dificultades para evitar el transporte por- que la carretera no era lo suficientemente ancha. Así que nos metimos en una de las entradas de las casas que conducían a otras casas menonitas. Pero no parecía que hubiéramos llegado a otra comunidad, así que seguimos adelante después de la pequeña parada. Finalmente llegamos a un pequeño riachuelo que sin duda sería difícil de pasar en la época de lluvias. Me preguntaba desde cuándo Manitoba 2 se había instalado allí si el municipio no lo sabía. ¿Y por qué mis compañeros no se preocupaban por este nuevo asentamiento de menonitas? ¿O es que estaban preocupados? ¿Tenía la familia menonita mie- do de que les causáramos problemas por ser propietarios ilegales de tierras? Después de unos pocos metros más allá del arroyo, volvieron a aparecer las cuidadas entradas a las casas, que tenían el mismo aspecto que en la comunidad anterior. Nuestra pequeña colonia giró en la entrada que parecía más espléndida. Esta vez, un hombre rubio y fuerte ya estaba de pie frente a su granero. Un trabajador agrícola, como uno se podría imaginar en California, nos estaba observando. No llevaba un overol, sino pantalones largos de tela azul y una típica camisa de cuadros con las mangas re- mangadas hasta los codos, botas de obrero y un sombrero en la mano. Sus rasgos faciales volvieron a ser muy europeos.

Se acercó a nosotros e inmediatamente nos preguntó por nuestro quehacer. Juan-Marcelo le explicó el motivo de nuestra visita. El hombre confirmó que esta vez sí se trataba de la colonia de Neuland. Juan-Marcelo preguntó por la comunidad anterior.

—Sí, los overols, no tenemos nada que ver con ellos. — El hombre respondió.

—¿No son también menonitas? —intervino una mujer llamada Darlin. Supuse que era una empleada de la Municipalidad de San Ignacio, ya que había estado viajando en el otro auto.

—Sí, pero no todos los menonitas son iguales, ¿o es que los cambas de las tierras bajas son iguales a los collas de las tierras altas?

Se reía de su ingenio mientras yo admiraba su perfecto español y su carácter abierto y alegre. Esto volvió a alterar mi imagen menonita. Cada vez que creía que podía clasificar a un grupo de población en una categoría, asignarlo a un registro, ponerlo en una casilla de mi cerebro, darle un sello de bueno o malo y así entender el mundo un poco mejor, al poco tiempo todas las casillas se volvían a desordenar. El malo era bueno al mismo tiempo y las personas rebotaban por las categorías como pelotas de ping-pong. ¿Cómo se podía entender el mundo así?

Nos enteramos de que la comunidad Manitoba 2 llevaba casi un año de existencia. Era una subcolonia de Manitoba de la región de Tres Cruces, a unos 500 km de distancia. La colonia de Manitoba era conocida por ser una de las más devotas.

Se había hecho famosa por algunos escándalos en el pasado. Mientras tanto, la población había crecido demasiado, por lo que algunas familias se separaron para formar una nueva colonia.

—¿Puede decirnos quién les vendió la tierra aquí? —preguntó Carmencita.

—Nadie —se rio—, lo compramos como todo el mundo. Nosotros también somos bolivianos y también tenemos derecho a la tierra.

Carmencita lo comprobó.

—Entonces, ¿forma parte de la asignación de tierras a la comunidad 15 de Agosto?

—Sí, exactamente, nosotros también somos agricultores, también tenemos derecho a las tierras del Estado. ¿Y quién eres tú?

—Sí, por supuesto que tienes razón. Venimos de los municipios de Concepción y San Ignacio y queríamos pasar por aquí. ¿Así que dividieron la tierra internamente?

El tono de voz de Carmencita no sonaba para nada acusador; se intuía que estaba honestamente interesada en la in- formación. De qué les serviría iniciar un conflicto ahí en ese momento.

—Sí, exactamente, cada uno tiene 50 hectáreas, que son suficientes para salir adelante. Los de Manitoba no querían eso, no se atreven a acercarse a la población y apenas hablan español. Compraron el terreno al brasileño dueño de las tierras de atrás.

—¿Cuántas personas viven aquí? —preguntó Elio mientras él y los demás miembros del personal guardaban los datos del GPS de la comunidad.

—De momento sólo somos cinco familias, pero en realidad se supone que algún día vivirán aquí 20 familias.

—Así que, si continuamos por el camino de aquí llegaremos a la comunidad de 15 de Agosto, ¿verdad?

—No tanto así porque ya ahora están en 15 de Agosto, la punta más al norte, luego no viene nada durante mucho tiempo y luego vienen los migrantes del altiplano.

—No parece que seas amigo de los hermanos y hermanas de la comunidad —preguntó Juan-Marcelo. Nuestro menonita sólo sonrió—. ¿Cuál es su nombre? —preguntó, además.

—Abraham Blats. Ya sabes cómo funciona lo de la tierra aquí.

Nos dimos la mano y volvimos a nuestras camionetas. Sí, sin embargo, ya me habían explicado varias veces cómo funcionaba el negocio de la tierra. Quien tenía la tierra tenía el poder, quien conseguía distribuir la tierra tenía más poder, y quien decidía quién conseguía distribuir la tierra era presidente, que firma los títulos de propiedad personalmente. Cualquiera que quería conseguir un trozo de ese pastel te- nía que pagar un tributo. Eso significaba lealtad al partido, acuerdos corruptos y dinero. Me preguntaba qué trato habrían hecho los menonitas para librarse de toda esta estricta organización comunitaria y partidaria. No habían asistido a la reunión del otro día, ¿habrían pagado sus cuotas?

Recordé el curso previsto de la carretera, que era exactamente el camino que estábamos recorriendo. Esta carretera debía extenderse más al norte, hasta la frontera con Brasil hasta la mina de cobre. Por lo tanto, la comunidad estaba estratégicamente situada para transportar sus productos lácteos si se construía esta vía. Nunca hubiera imaginado que una comunidad religiosa tan conservadora y cerrada pudiera hacerse con un terreno de forma tan inteligente y estratégica. Pero había muchas cosas que todavía no conseguía imaginar. Tardé todo el viaje de vuelta en darme cuenta de que cuando mis compañeros hablaban del "palo blanco" brasileño, no se referían a los troncos, sino a las tierras que se vendían un poco más al norte bajo un nombre de propietario diferente. De este modo, algunos extranjeros u otros terratenientes pudieron ocultar sus tierras bajo un nombre boliviano. Carmencita miraba seriamente por la ventana como si estuviera algo apagada.

Todos estábamos cansados y hambrientos, después de haber sido sacudidos por la carretera durante varias horas y salpicados constantemente con arena caliente. Pero ella se quedó pensativa.

—Carmencita, ¿estás bien? —le pregunté con cautela.

—Todo esto va a arder —se limitó a decir.

—Pero... —estuve a punto de contradecirla, pero me di cuenta de que no tenía sentido, ella tenía razón.

Miré el bosque, los imponentes árboles e imaginé la infinita diversidad de vida que habitaba en él. Sentí una punzada en el corazón y me puse a hacer cuentas. La comunidad 15 de Agosto con 200 familias, unas 20 ha que cada familia pudiera quemar oficialmente; la comunidad menonita segregada con tal vez otras 20 familias, cada una quemando unas 20 ha; la comunidad Che Guevara con unas 200 familias oficialmente inscritas y quién sabe cuántas otras comunidades se inventaban en los siguientes dos meses hasta que empezara el tiempo de chaqueo. Sólo con eso ya hablábamos de 8.400 hectáreas de bosque que se permitiría quemar oficialmente. ¿Cómo pudo ser? Y luego los vientos que propagaban estos incendios accidentalmente o deliberadamente en todas las direcciones, que seguramente iban a sumar otro tanto, todo aquello equivalía a alrededor de 20.000 campos de fútbol sólo aquí a lo largo de esta carretera. Dios mío.

CAPÍTULO XXII

Sentía una increíble urgencia por localizar finalmente al jaguar, una profunda sensación de que no sobreviviría a los incendios de este año o que se retiraría tan lejos que no podría encontrarlo más. Una oleada de emociones me inun- dó, buscando salida, estaban fermentando en mi interior. To- dos los sentimientos desagradables se estaban pudriendo y apestando, queriendo ser sacados a la luz y eliminados. Entre ellos había rabia, tristeza, frustración, a la vez impotencia y sobre todo miedo. Miedo al incendio, miedo al dolor de la pérdida que el incendio causaría, miedo a mí mismo y a mis reacciones, y miedo a la incertidumbre de cómo seguiría mi vida ahora. Mis impulsos querían violencia, pero el enemigo era demasiado difuso y poderoso. Quería gritar, llorar, patear. Toda esta situación era demasiado para mí. Deseé no haber conocido tantos detalles, pero ya era demasiado tarde. Vine,
vi, sentí. Aquí no habría vencedor.

Estaba de vuelta en Cañada Larga, había corrido hacia el bosque todas las tardes y había intentado quitarme la carga de encima, sin éxito. En una de esas había encontrado excrementos de jaguar, al menos creía ya poder distinguirlos. Este descubrimiento me dio un pequeño rayo de esperanza, al menos él todavía estaba allí. Decidí fingir que siempre estuviera allí y que nos encontrábamos todas las noches. Tal vez fue así, simplemente que no lo veía físicamente. Así que al anochecer me sentaba en la larga rama junto al claro y hablaba con él. Le contaba mis pensamientos, preocupaciones, le llamaba *Abu*, abuelo. Me hizo bien. No es que haya encontrado una verdadera estrategia para localizar a mi jaguar, pero servía para encontrarme de nuevo a mí mismo. La ansiedad en mi interior disminuyó y pude volver a disfrutar las estrellas. Tal vez él estaba allí también, mi Abu.

Desde la distancia, se alzaron en el aire nubes de humo, vi pequeñas chispas de brasas que brillaban en la noche. Un mal presentimiento se apoderó de mí y corrí inmediatamente, el humo venía en dirección al pueblo. Sí, allí también habrá tala y quema, los Arawak también quemarían su bosque, tendré que soportarlo. Cuando llegué a la comunidad, vi un alegre círculo sentado alrededor de una gran fogata. Casi todos los habitantes del pueblo estaban aquí, incluso Jacinto y Juan. Más atrás escuché un grupo de mujeres riendo a carcajadas, allí también la descubrí, Mabai, ella había vuelto. Hacía tiempo que no la veía y me dijeron que se había ido a la ciudad a estudiar. Sólo deseaba que fuese la realidad. Así pudiera estudiar y trabajar para su pueblo, aunque yo la iba a extrañar.

Se veía aún más maravillosa que de costumbre. La luz de la fogata hizo que sus mejillas se pusieran rojas, sus ojos brillaban al reír, y yo soñaba con sentirla entre mis brazos. Mis compañeros me dieron un suave empujón desde la izquierda y me sacaron de mi ensoñación.

—Pensé que te ibas a perder nuestra fiesta de San Juan —dijo William mientras me entregaba una tutuma con chicha de yuca.

—Bueno, mientras no me pierda a San William, todo está bien —halagué, vaciando el brebaje y devolviendo la tutuma.

—¿Sigue siendo esto parte de la celebración del Año Nuevo? ¿Cuánto tiempo tarda el año en eclosionar finalmente?

—Ahí, mira, ya está sobre el horizonte, ¿lo ves? —

bromeó Jacinto y ya tenía un segundo trago en la mano, esta vez

venía de la derecha y con él venía ella. Me entregó la tutuma con su más bella sonrisa.

—Bueno, ¿qué preocupaciones vas a echar al fuego hoy?

Me sentía bastante abrumado por este momento y no quise dignificarlo con ninguna palabra. Así que sólo la miré y sonreí. Sí, de qué preocupaciones me libraría, una buena pregunta. Justo ahora que el humo los hacía volar a todos, este momento era perfecto.

—Creo que todas mis preocupaciones ya se quemaron. —Volví y una vez más vacié mi bebida.

Mabai agarró la tutuma y siguió, pero a no ser que mis hormonas me estuvieran engañando, no fue un simple *hola, he vuelto*, sino un *hola, qué más hacemos juntos hoy*. Estaba muy emocionado.

Juan se sentó en diagonal detrás de mí y habló casi más para sí mismo que para mí, pero sus palabras seguían dirigidas a mí.

—¿Sabes por qué celebramos el Año Nuevo el 21 de junio? Es una costumbre del altiplano pero tiene mucho significado.

—Sí, porque comienza un nuevo año, el día más corto, entonces comienza un nuevo ciclo solar. —Estaba orgulloso de mis conocimientos.

—Sí, así es, hoy quemamos todo lo que no queremos llevar con nosotros al nuevo año, todas las preocupaciones, cargas, pensamientos, en realidad mañana es el primer día del nuevo año. Todos sentiremos que hemos renacido, el sol también renace. ¿Cuándo celebran ustedes el Año Nuevo?

—En la noche del 31 de diciembre al 1 de enero.

—¿Por qué?

—Bueno, realmente no sé por qué. Porque es el día de San Silvestre, que tiene algún tipo de significado religioso. Por desgracia, ya no estamos tan cerca de la naturaleza como ustedes.

—Oh, sí, lo están, sólo que lo olvidaron.

—No lo creo. El solsticio de verano y el año nuevo están bastante alejados en fechas. Y no se me ocurre ningún otro espectáculo natural con el que pudiéramos asociarnos.

—¿De verdad que no? —insistió Juan con una sonrisa pícara en los labios. Parecía tan increíblemente sabio que me recordaba un poco a Casiopea, la tortuga de la novela infantil *Momo*. La admiraba mucho. Fue entonces cuando me di cuenta de mi error de pensamiento.

—No, espera, estamos en el hemisferio norte, por lo que nuestro día más corto es el 21 de diciembre, y si tuviéra- mos unos días de limpieza interior, al igual que ustedes, ten- dríamos el 24 de diciembre, fecha que correspondería a San Juan. Es una fecha especial, el nacimiento de Jesús coincide con ese día. Pero nada que ver con Año Nuevo. — Decía estas palabras más como mi propio hilo de pensamiento.

—Entonces, ¿crees que Jesús nació realmente ese día? Fue entonces cuando se empezó a contar el tiempo, ¿quién se supone que hubiera grabado eso? Incluso con fecha y todo si ni existía el calendario.

Siguió hablando en forma de preguntas, yo debía seguir concentrado en mis pensamientos, él sólo los empujaba un poco de vez en cuando como una pelota de ping pong. Tenía razón, qué ingenuo era creer que Jesús había nacido en esa fecha exacta. Entonces la pregunta era otra. ¿Por qué posteriormente se designó esta fecha exactamente como el nacimiento? ¿De verdad se suponía que estaba relacionado con el solsticio de invierno?

—Bueno, sí, lo entiendo, pero entonces sigue sin encajar con Año Nuevo, al menos muy vagamente.

—Sí coincide, tal vez puedas buscar cuando la reforma del calendario trasladó el último día del año del 24 al 31 de diciembre, para entonces Bolivia ya estaba definitivamente conquistada por los españoles.

—¿Cómo lo sabes?

Me sentí completamente abrumado al encontrar aquí a un conocimiento tan detallado sobre mi propio espacio cultural. Juan se limitó a seguir mirando al fuego.

—Algunas cosas las sé, otras no, así nomás es.

Resultó ser una noche larga. No recordaba la última vez que había estado despierto tanto tiempo, que había bebido tanto y que me había despertado con una mujer en los brazos. Las brasas del fuego aún no se habían apagado y mis recuerdos tampoco. Recuerdos del parpadeo del fuego, de las tutumas, de Juan, William, Mabai. Todavía estaba dormida. Apoyé su cabeza cuidadosamente en mi bolso y me levanté. ¿Por qué el fuego podía conjurar momentos tan increíbles, hacer que los pensamientos bailaran juguetonamente y, al mismo tiempo, destruir todo? En cualquier caso, no había entregado mis preocupaciones por los inminentes incendios forestales al fuego de San Juan anoche, estaban muy presentes todavía conmigo.

CAPÍTULO XXIII

P ensé en volver a Santa Cruz a la oficina del NAP para visitar a Elizabeth. Había tantas cosas que quería preguntar y tal vez Tabea pudiera darme algunos consejos para encontrar mi jaguar. No había funcionado mi intento de un encuentro casual. *Abu* no me dejaba acercarme más allá de las pisadas y los excrementos. Tenía la esperanza de encontrarlo en la estación seca, pero ya había empezado julio y no pude verlo ni siquiera cerca de los charcos de agua o de los ríos de los al- rededores. Cañada Larga se había organizado de nuevo para pastorear y abrevar su ganado en el terreno de Joao, lo que me seguía pareciendo una absoluta explotación. Poco a poco, también debería empezar a pensar en cuándo volvería a Alemania. Había planeado que mi viaje durara un año, y ahora estaba a punto de terminar. Definitivamente quería empezar a estudiar en el próximo semestre de invierno, o sea octubre, pero aún no sabía qué cosa.

Pero antes de ir a alguna parte, no quería perderme este día tan especial: una boda. La hermana de Mabai, Daniela Chuvé, pronto se llamaría Daniela Chuvé-Chambi, sí, en realidad se casaba con un migrante de las tierras altas. Me resultaba difícil calibrar lo que había detrás de esto. Llevaba un buen rato observando a los dos juntos, aquí, desde mi rama, al fondo de la ceremonia ritualizada, mitad católica mitad indígena. Daniela parecía contenta, ciertamente, no había sido forzada. Sin embargo, esta constelación no me parecía muy coherente. Sin duda, Anacleto era entre 10 y 15 años mayor que ella y apenas se habían visto antes. ¿Por qué quería casarse con él?

Los sonidos de las flautas y los tambores se escucharon durante varias horas, me sorprendió que los músicos no necesitaran ni siquiera un descanso. En una orquesta alemana había una pausa para hidratarse y descansar cada 30 minutos y después de una hora y media o dos tocaba el siguiente grupo. Aquí, sin embargo, tocaban sin parar como si ya estuvieran en trance. Estaba sentado entre un grupo de hombres borrachos, incluido el novio. Llevaba una camisa blanca, una corbata negra y un pantalón de tela negro. El cinturón estaba tejido con un estampado indígena en tonos guindos y marrones. Apenas habían venido otros migrantes de 15 de Agosto, por lo que parecía más una fiesta de la comunidad que una boda.

—Anacleto, te agarraste a la más bonita. Quería quedármela para mí —bromeó Mario.

—¿Dónde vas a construir tu casa? ¿O la llevarás a vivir a 15 de Agosto?

—No, no —contestó Anacleto con timidez, se notaba que aún no se sentía muy a gusto en la comunidad, a pesar de la recepción cálida de parte de los Arawak.

—Vamos a construir nuestra casa allí en la colina, Daniela dijo que el terreno nos ha sido asignado.

—Sí, es bonito allí arriba, al menos esa parte no se inunda en la época de lluvias. Pero en tu comunidad tenías 50 hectáreas de tierra, ¿por qué no vas allí? ¿Qué haces con tu tierra? Véndemela —intervino Wiliam mientras encendía uno de los cigarrillos que Cleto, como abreviaban su nombre, había distribuido.

Me di cuenta de lo diferentes que eran los dedos de mano de los hombres de ambas culturas. Mientras que William, al igual que la mayoría de los demás Arawak, tenía unos dedos largos, anchos y fuertes que parecían capaces no sólo de trepar bien a las palmeras, sino también de sostener con facilidad cinco jarras de cerveza alemana, Cleto tenía unos dedos muy cortos y redondeados, en consonancia con su figura general. Todo en él era redondo. Sus ojos, la forma de su cara, su torso, sus piernas, su sombrero. Sus líneas faciales eran incluso redondeadas, y corrían por encima de sus mejillas redondas quemadas por el sol altiplánico y se perdían junto a las cejas. Parecía casi como si hubiera sido recortado de un dibujo infantil. En parte la cara parecía desproporcionada, pero daba una impresión de cariño.

—No, no quiero tener ya nada que ver con 15 de Agosto. Esto es una explotación total. León, el que nos puso a todos en la lista para el reparto de tierras, se está aprovechando mucho de nosotros. Ahora que hemos conseguido el terreno, quiere otros 500 dólares de cada uno. Ya le hemos pagado 500 dólares como depósito al INRA. Este reparto de tierras se supone que es gratuito, según la ley. ¿A dónde va el dinero? Me metí con un abogado e iba a demandar al León y ahora, bueno, me echaron de la comunidad.

La narración mostraba un tono de mucha frustración y amortiguó un poco el ánimo antes exuberante.

—Sí, escuché a menudo que esta gente cobra mucho dinero. Entonces, ¿conseguiste denunciarlo con el abogado? —preguntó Mario, espantando una mosca en su nariz.

—No, estoy fuera de la comunidad, he perdido mi tierra, mis 500 dólares y mi abogado cambio de frente. Le ofrecieron un pequeño terreno a cambio de retirar los cargos. Dinero y tierra, aquí se puede conseguir cualquier cosa con eso. Somos 200 familias, calcula, ¡son 100.000 dólares sólo para el pago inicial! ¿Recuerdas el caso de Elio Socoré? Salió en todos los periódicos. Había presentado una denuncia cuando le quitaban sus tierras. Su tierra se convirtió en tierra fiscal y luego se redistribuyó a los migrantes del altiplano. Eso fue cerca de San Matías, en la frontera con Brasil. Una semana después de poner su demanda, estaba muerto. Después de todo, un asesino contratado sólo cuesta 100 dólares, es barato "eliminar los problemas". El año pasado, una vez se produjo una acusación, el hermano de León fue detenido. Pero acaban de soltarlo porque pagó —continuó Cleto.

Daniela se acercó a nosotros, había escuchado un poco de nuestra conversación.

—Bueno, está bien que no tengas que pagar para conseguir tierras aquí, sólo casarte. Eso es mucho más bonito, ¿no? —sonrió y nos pidió que nos acercáramos al fuego y comiéramos el resto de la carne que había estado en la parrilla allí durante varias horas. Sentí que ya me había comido una ternera entera, era demasiada carne para mí.

Así que, si Cleto había sido expulsado de su comunidad, necesitaba tierra de nuevo, ¿qué podría ser más obvio que agarrar un pedazo de tierra vecina? ¿Se había casado sólo por el acceso a la tierra? Qué poco romántico. Tal vez deberíamos rebautizar el INRA como Instituto Papá Noel. Si son buenos, votan por mi partido y hacen exactamente lo que les digo, tendrán su pedazo de tierra. Si se portan mal, chancleta y su tierra vuelve a desaparecer.

Llevaba un tiempo sintiéndome mal. La situación de la tierra me preocupaba a diario y volvía a arder en mi sentido de la justicia como sal en una herida. Los inevitables incendios encendieron mi impotencia y la sensación de no ser útil para mí ni para el mundo se instaló como una neblina en mi cielo optimista. Necesitaba acción. Y un plan. No podía seguir tan al azar. Decisión 1: Volaría de vuelta a Alemania a mediados de septiembre a más tardar, para entonces el año habría terminado, aún podría empaparme de algunas sensaciones de finales de verano en Alemania, y aún tendría tiempo suficiente para organizar un cupo en la universidad. Como fecha límite para mi vuelo puse una semana antes del cumpleaños de mi madre, el 14 de septiembre como límite. Nunca olvidé el cumpleaños de mi madre, el 21 de septiembre, Día Mundial de la Paz, ella también parecía tener paz en su interior. Decisión 2: Iría a Santa Cruz y visitaría al NAP, estudiaría con ellos cómo podría ayudar en la situación de las tierras Arawak y cómo podría localizar estratégicamente a mi jaguar. Decisión 3: Salir mañana hacia Santa Cruz. Afortunadamente, no podía saber en ese momento que una semana más tarde seguiría en Concepción; eso sólo me habría deprimido más.

CAPÍTULO XXIV

Mientras tanto, utilizaba la motocicleta de William como un préstamo permanente y siempre le traía algo de Concepción a cambio. Pensaba ir en moto hasta Concepción y luego seguir en micro; tardaría demasiado en llegar a Santa Cruz en moto. Preparé mi mochila con ropa para una semana, mi portátil, agua y me puse en marcha. Llegué bien hasta San Cristóbal, pero desde allí, un gran camión maderero se puso delante de mí y tuve que andar muy lento. Una familia estaba sentada en los troncos de madera, la mujer tenía un bebé en el pecho y el hombre tenía dos niños pequeños en sus faldas. No encontré forma de adelantar, el camión ocupó todo el ca- mino de tierra hasta que giramos en la carretera principal pavimentada hacia Concepción, entonces se detuvo. Delante había una cola de camiones y movilidades. La gente se había bajado, otros habían atado una pequeña hamaca debajo de su camión y estaban disfrutando de algo de sombra. El ganado yacía amontonado uno encima del otro como gomitas me- dio derretidas, esta situación ya tenía que llevar un tiempo. Busqué una forma de pasar los camiones, con la moto podía abrirme paso fácilmente por los estrechos espacios. Detuve la moto en un lugar sombreado junto a una construcción a medio terminar y observé la acción frente a mí. Una barrera de llantas, un camión transversal y ramas bloqueaban toda la calle. Detrás del bloqueo, pude distinguir al menos 200 personas caminando hacia la plaza. Eran hombres y mujeres jóvenes que sostenían carteles y

agitaban la colorida whipala delante de ellos como una palmera. Lo que gritaban no lo
pude escuchar bien. Sonaba como un grito de guerra.

Un líder gritaba "¿qué queremos?", seguido de otro grito
de guerra que no pude entender. El curioso diálogo se repetía
y luego otra vez el líder lanzaba la pregunta "¿cuándo, ¿carajo?" y la respuesta afirmaba a gritos "¡ahora, carajo!". Unas
10 personas se situaron en el centro, discutiendo ferozmente,
sujetando a una mujer por los brazos en medio de la acción.
Era Elizabeth. Junto a ella estaba Hugo, que discutía con los
manifestantes.

—Hey, Ayo —llamó una voz. Me di la vuelta y vi a Tabea a un lado de la carretera. Obviamente ella no quería que
la reconocieran como miembro del NAP.

—¿Qué está pasando aquí? —pregunté, sobresal-
tado, sintiéndome como si acabara de dormir durante la
caída de las Torres Gemelas de Nueva York.

—Exigen que se revoque el decreto de la zona protegida
Morado-Norte —explicó Tabea.
—¿Dónde está eso?
Recordaba vagamente haber leído algo sobre ello.

—Sí, aquí, si conduces este proyecto de carretera más
al norte, luego a la derecha, unos 20 km más adelante, está el
comienzo de la zona protegida. Se extiende hasta el Parque
Nacional Noel Kempff Mercado y forma parte del corredor
biológico que va desde la Chiquitanía hasta el departamento
del Beni.

No pude hacer nada con las indicaciones geográficas de
derecha o izquierda, supuse que se refería al este.

—¿Y qué están haciendo Hugo y Eli? No parece que estén compartiendo momentos agradables.

—Comparten opiniones bastante amistosas sobre
el sentido y el sinsentido de la zona protegida.

—¿Y qué tiene que ver el NAP con esto? —seguía preguntando.

Con Tabea no me sentía tan avergonzado por mi escaso nivel de información. Incluso su nombre, Tabea van der Vaan, me inspiraba confianza. Estaba escrito en su frente desde la distancia: Soy de Holanda.

Era muy alta y fuerte, como una punta de la selección nacional de voleibol, con una llamativa melena rubia hasta los hombros. Tenía unos amables y brillantes ojos azules. In- tenté leer el mapa de su cara, pero no encontré ninguna línea. En cambio, me recordaba a las lomas de arena, todo tenía un tono amarillento arenoso, incluidas las cejas. Fue muy paciente con sus explicaciones, creo que incluso disfrutaba dármelas.

—En ese momento, hace unos 10 años, el NAP trabajó para establecer el área protegida. Fue un proyecto único en el que ambos municipios, Concepción y San Ignacio, trabajaron juntos y establecieron un área protegida conjunta. Pero la asignación de tierras por parte del gobierno no se detiene ahí, las áreas protegidas municipales no se tienen en cuenta.

—¿Por qué se manifiestan si no afecta a la asignación de tierras? Entonces pueden vivir aquí.

—Porque no obtienen el permiso de la ABT para talar. Además, el municipio no les da ninguna infraestructura porque están asentados en la zona protegida, hay condiciones estrictas. No es tan estricto como en el parque nacional, pero no se permite cultivar, no se permite talar, sólo se permite el asentamiento de unas pocas personas. Todavía tienen una sanción por la tala del año pasado. Y ahora mismo está empezando la nueva temporada del chaqueo, así que quieren camino libre o mejor dicho quema libre.

—Pero eso es un asunto de los municipios y no del NAP. Ustedes no imponen estas condiciones, ¿verdad? —Probablemente nunca veré a través de esta maraña, pensé para mí.

—Sí, tienes razón, explica eso a los interculturales. Eso es lo que Eli y Hugo están tratando de explicar en este momento. Pero los migrantes, al igual que todo el aparato estatal,

están en la onda de la descolonización de todos modos, por lo
que prefieren ir en contra de la influencia extranjera, en contra de todas las ONGs extranjeras o que reciben dinero del extranjero. Y eso son todos. Quieren que todo sea original, autóctono, sin influencias del exterior.

Incluso han dejado que el reloj de la plaza Murillo, en La Paz, funcione en sentido contrario a los relojes normales. ¿Pero por dónde se empieza con la descolonización? ¿Con la colonización española? Entonces todas las mujeres cholitas tendrían que vestirse de otra manera, Bolivia tendría que decir adiós a las guitarras y a los caballos y dejar de hablar español. Eso no es posible. ¿Sabías que estos migrantes se llamaban a sí mismos colonizadores? Hasta que se dieron cuenta de que llamarse colonizadores e impulsar un programa de descolonización no es algo muy compatible.

Tabea se rio. Sí, lo que me contó fue realmente muy absurdo. Quería saber más de las demandas de los migrantes.

—Pero los migrantes tienen que tener algún argumento para justificar la eliminación de Morado-Norte, no pueden decir simplemente que nos quiten el área protegida para te- ner espacio, ¿no?

Tabea miró con preocupación a Eli y Hugo, obviamente preguntándose si había algo que pudiéramos hacer por ellos. Hugo nos miró y levantó el pulgar en señal de "todo bien". Tenía mucha curiosidad por saber qué estaban negociando.

—Como estos agricultores no saben mucho sobre corredores biológicos y ecología, creen que la zona protegida se estableció sólo por los árboles morados. En retrospectiva, fue realmente estúpido dar este nombre. En aquel momento, los colegas del NAP pensaron que podrían sensibilizar a la población para la protección de los pocos morados que quedaban, y en cambio hicieron lo contrario. Los migrantes talan sistemáticamente los morados y ahora dicen que el estatuto de protección ya no tiene sentido porque ya no hay morados que proteger. Ahora Eli y Hugo se acercaron a nosotros, la multitud probablemente se había calmado un poco.

—Entonces, busquemos algo para comer —dijo Hugo y nos indicó que le siguiéramos.

Le seguimos por una calle lateral y llegamos a una pequeña casa que tenía dos mesas dispuestas en una pequeña zona cubierta de un jardín privado.

Hugo llamó a la puerta y una voluptuosa mujer lo recibió con una amplia sonrisa que dejaba ver sus pocos dientes.

—Comadre, estos son mis compañeros de trabajo, y esta es… —la tomó en brazos— Doña Primitiva.

Se acercó a la mesa con una fuente de maíz tostado y salado. Junto a ella caminaba una niña de unos cuatro años de edad con dos trenzas. Hugo se acercó a ella: "Hola, Ledy, me alegro de verte".

Entonces Hugo se apartó de la niña y se dirigió hacia nosotros.

—Hace dos años, ¿o cuándo fue eso, comadre?, me convertí en el padrino de esta bonita chica. Rutucha, el padrino del primer corte de pelo. Los dos somos de Sucre, y Primitiva cocina la mejor comida del mundo. ¡Cuatro mondongos, por favor!

—Convencimos a los manifestantes para que mantu- vieran una reunión con los concejales de ambos municipios. A continuación, los concejales deben explicar por qué hay que proteger la zona, quién la ha creado, etc. Entonces esta- mos fuera como NAP —explicó Eli.

—Bueno, no estamos fuera de esto, después de todo tenemos que dar toda la información a los concejales. Ya no tienen nada. Desde las últimas elecciones municipales, no tienen ni siquiera una taza de café o el ordenador donde se guardaba toda esta información, por ejemplo, el plan de manejo del área protegida. Si en algún momento dejamos de estar disponibles como *Mister Backup*, realmente no sé qué pasará. Toda la información comprometedora desaparece incluso más rápido que el bosque. Y después de las próximas eleccio- nes locales, el partido MAS con los nuevos migrantes tendrá la ventaja de todos modos, entonces la próxima feria agrícola internacional se celebrará en Morado-Norte, si es que no han montado ya laboratorios de cocaína —añadió Hugo con una expresión alegre que resultaba incongruente con el contenido de su discurso. Se dio cuenta de mi expresión de confusión— Bueno, si no me río, lloro, así que prefiero reír.

Al menos así me hago la idea de que estamos consiguiendo algo, poco a poco. Si conseguimos mantener la zona protegida durante otros cinco años, ya habremos ganado mucho.

—¿Sabes que la organización Transparent International descubrió que se supone que hay 1.500 comunidades fantasmas en la Chiquitanía?

La imagen de la comunidad Che Guevara me vino inmediatamente a la mente.

—Pues entonces, se viene abajo toda la cultura y la población de la Chiquitanía, mejor partamos en busca de una nueva Loma Santa, como hacían los pueblos antes.

Probablemente, Elizabeth había recibido esta información hace poco, y Tabea tampoco sabía nada al respecto. Pero estas palabras me dieron una idea.

—Esa es la idea. Todos somos bolivianos también, bueno, casi —miré disculpándome con Tabea antes de continuar mi idea— también podemos adquirir tierras. ¿No podríamos formar una comunidad, solicitar dotación de tierras y proteger así el bosque?

—Entonces tendríamos que unirnos a los campesinos de la CSUTCB primero, casi toda la tierra se les da a ellos u otras organizaciones afines al gobierno. Entonces tenemos que chupar medias del líder y poner nuestros ahorros en su regazo, agitar las banderas en todos los eventos del partido, no, ciertamente, no lo haré —dijo Hugo con otra sonrisa. Su cabeza calva brillaba como un melocotón aceitado, obviamente estaba sudando. Tenía unos dientes muy bien forma- dos a comparación de los de Doña Primitiva.

—Sí, verdad, tienes razón, lo sé, pero… ¿y si compramos un terreno de forma privada y lo convertimos en una zona protegida? Eso no sería suficiente para todos los chiquitanos, pero podríamos comprar una tierra vecina de los Arawak y así ampliar su territorio. Sin duda, podría recaudar fondos para ello en Alemania.

Estaba metido de lleno en mi plan.

Decisión 4: Acción. Por fin tenía que poner en marcha algo que me diera un sentido más profundo de la vida y de la utilidad en este mundo. Pensé que mi idea era brillante y ya estaba temiendo las palabras de Hugo que harían que mi castillo de cristal se derrumbara de nuevo. Me adelanté a sus palabras.

—Tampoco es una buena idea porque tampoco se puede comprar tierra vía normal, porque todo es muy tramposo y la tierra alrededor de los Arawak ya está en todos los registros como tierra fiscal y para repartir a los migrantes de todos modos... —me respondí a mí mismo.

—Algo así —dijo Eli y decidimos disfrutar de la comida antes de seguir con nuestros problemas. El aquí y el ahora era un momento maravilloso a comparación de lo que se visualizaba a futuro, decidimos disfrutarlo.

Una semana antes estábamos sentados en la oficina del NAP casi en la misma constelación, juntos con un trimate y juntos encendimos a Archie. El bloqueo de la carretera había durado una semana más, el tiempo que habían tardado los concejales en reunirse y calmar a los migrantes. Al mismo tiempo, había dado a Hugo y a Elizabeth la oportunidad de escoger la información importante y ponerla en conocimiento de los concejales. Nada más vergonzoso que el hecho de que los propios concejales no hayan sido capaces de explicar la finalidad de la zona protegida. El taller que el NAP quería realizar sobre su proyecto de agua se canceló, pero se consiguió enfriar el conflicto sobre el área protegida por el momento.

El viaje a Santa Cruz me había resultado más cómodo que nunca. Había viajado en el Nissan Patrol del NAP, habíamos puesto música boliviana a todo volumen, una grabación del grupo vocal Contrapunto y cantábamos. Simplemente maravilloso.

De vuelta en las oficinas del NAP, llevábamos bastante tiempo comparando nuestra geoinformación, pero no habíamos llegado a ninguna conclusión nueva.

Nuestra pregunta básica seguía siendo cómo conseguir que el pueblo chiquitano mantuviera su tierra original y, por tanto, su cultura frente a la presión de los migrantes. ¿Qué otras salidas se nos ocurrirían?

Mientras Eli y Hugo estaban ocupados de otra manera, Tabea se había quedado en casa ese día con un dolor de garganta y yo pasé un tiempo buscando en varias páginas web en las que se podían reconocer los llamados focos de calor en la Chiquitanía para poder reaccionar pronto ante probables incendios forestales. Era mediados de julio, había habido una corriente de aire frío patagónico a principios de mes, que incluso había provocado heladas en algunas regiones de la Chiquitanía. Además, esta estación seca fue especialmente seca y las temperaturas volvieron a subir. En estas condiciones incluso un trozo de vidrio podría iniciar un incendio. Las consecuencias serían inimaginables si se iniciara el chaqueo y las quemas a gran escala.

Encontré un excelente sitio de la COMCIP, Comisión de Protección de Riesgos de la Secretaría de Medio Ambiente del Departamento de Santa Cruz. Era un sistema de alerta temprana basado en sistemas de geoinformación. Me acerqué al municipio de Concepción en mi mapa, afortunadamente sólo encontré tonos amarillos y naranjas claros. Un punto de calor con probabilidad de incendio se marcaría en rojo oscuro en este sistema. En la parte superior de la página se mostraba el número de focos de calor, actualmente había cinco en todo el departamento, muy pocos por suerte. Seguía buscando cuando Elizabeth se unió a mí de nuevo.

—¿Qué encontraste? —preguntó con curiosidad.

—Todavía nada, dice cinco focos de calor, pero no reconozco donde están ubicados exactamente.

Preocupada, miró mi mapa. Ella escaneó la pantalla conmigo mientras revisábamos el departamento de Santa Cruz.

—Mierda —soltó. Se levantó y habló con algunos colegas. A estas alturas yo también lo había encontrado.

Había un incendio que se produjo justo en la llamada Puerta del Cielo, en el límite de una comunidad indígena al este, cerca del pueblo de Santiago de Chiquitos, que estaba rodeado por una de las mayores áreas contiguas de Bosque Seco Chiquitano. Eli volvió.

—¿También trabajas en esta zona? —le pregunté.

—Sí, también tenemos proyectos allí, pero los lidera Johnny, que está en el campo en Santiago de Chiquitos ahora mismo. Estamos tratando de llegar a él. Prepárate, ahora la cosa se pone seria, esto es sólo el principio.

Quería volver al territorio Arawak lo antes posible, ¿y si se producían incendios allí? Quería estar allí para ayudar si ocurría algo. Al mismo tiempo, no podía irme ahora. Habíamos decidido con el NAP apoyar una vieja estrategia de lucha por el derecho a la tierra: una marcha indígena. Los pueblos indígenas de las tierras bajas ya habían utilizado esta estrategia con éxito en varias ocasiones, como en el conflicto del TIPNIS. Ya en 1990, durante la primera marcha indígena, la Marcha por el Territorio y la Dignidad, los bolivianos de las tierras altas tomaron por primera vez conciencia de la exis- tencia de los pueblos de las tierras bajas. En esa época, varios pueblos de las tierras bajas habían caminado desde Trinidad hasta La Paz, con chinelas o el calzado que tuvieran, con be- bés en brazos, otros en la barriga, algunos incluso habían na- cido en el camino.

La población de La Paz, predominantemente aymara, había preparado una gran bienvenida para lo que creían que eran personas salvajes del monte, a las que habían imaginado semidesnudas con adornos de plumas y pintados para la gue- rra. En la cumbre de la ciudad de La Paz, a 4.500 m de altura, se celebró el ritual de bienvenida de la wilancha. Se suponía que la sangre de una llama blanca iba a hacer feliz a la Madre Tierra, con lo que los pueblos de las tierras bajas se sorpren- dieron mucho de lo salvaje y primitivo que eran los pueblos de las tierras altas, según su perspectiva. Ahora el NAP for- maba parte de un grupo de coordinación de diferentes instituciones que querían apoyar una marcha indígena desde la Chiquitanía hasta el Instituto INRA en Santa Cruz. La demanda: Información de las dotaciones de tierras de los últimos cinco años en la Chiquitanía, nombres de las comunidades nuevas, hectáreas asignadas y lugar, y re- visión de los títulos, compatibilidad con otras leyes, como la asignación de tierras en zonas protegidas, en zonas forestales o a migrantes que ya poseían tierra cuando al mismo tiempo había una solicitud de los pueblos locales. De acuerdo con la ley, estos tendrían que tener prioridad. Así que, en resumen, era una marcha de protesta exigiendo al Estado que, por favor, cumpla sus propias leyes. Era un buen momento para celebrar la marcha ahora, ya que en agosto no había actividades agrícolas en el campo. Todos los cultivos se habían cosechado y, tradicionalmente, la preparación de los nuevos campos comenzaba justo antes de las primeras lluvias, en septiembre aunque por lo visto ya habían empezado las quemas. Tenía ganas de apoyar esta actividad, ya que los Arawak segura- mente participaban en esta marcha de protesta. Decidí pasar unos días más en Santa Cruz y, al mismo tiempo, ocuparme de algunas cosas que había ido posponiendo: comunicarme con Alemania, una visita al dentista, un asunto bancario, un café con leche en la cafetería Ateneo y me apetecía mucho volver a comer un pan con pasta de hígado con mostaza.

Era un recuerdo de la infancia. De vez en cuando mi madre me había hecho uno. Aunque éramos una familia suaba, ella agarraba pan de centeno y le untaba una gruesa capa de mantequilla, luego pasta de hígado y después mostaza dulce, hasta le dibujaba formas curiosas. Después de eso, mirábamos juntos para ver qué podíamos leer de esta mancha de mostaza y en cómo sería mi día. Así que leía mi futuro en una mancha de mostaza. Sí, eso era exactamente lo que necesitaba. Sumergirme en los sentimientos profundos del hogar, redescubrir la diversidad de colores de mi memoria y reflejarme en el mar tranquilo o en una mancha de mostaza. La marcha debía comenzar el 9 de agosto, Día Internacional de los Pueblos Indígenas.

Todavía teníamos dos semanas para prepararnos, debía asegurarme de que los Arawak pudieran participar. Con una misión concreta por fin, regresé en movilidad, no sin antes consultar de nuevo la página web de la COMCIP. Después de sólo una semana, ya había 20 focos de calor, todavía ninguno en el municipio de Concepción, pero sabía que los bomberos ya habían sido movilizados en Santiago de Chiquitos y que los primeros incendios se producirían en Concepción en cualquier momento.

De vuelta en Cañada Larga me enteré de que, sorprendentemente, los Arawak ya sabían exactamente los detalles de la marcha. Siempre fue agradable ver cómo pueblos supuestamente alejados y sin comunicación estaban muy bien conectados. Todavía nos quedaban 10 días hasta el 9 de agosto. Los pueblos de San Ignacio, Santa Ana, San Miguel y San Rafael del norte llegarían al mismo tiempo que los pueblos Monkoxi de Lomerío, del este, que aún eran besirohablantes. La marcha iba a comenzar con un gran acto de prensa frente a la iglesia de Concepción, tras el cual todos los participantes recibirían la bendición en la iglesia y comenzarían a caminar. Unos cuantos autos se adelantarían y transportarían el equi- paje, además de organizar la comida y los lugares para dormir durante la noche o recoger personas que necesitaban apoyo.

Decidí ocuparme de asuntos de la marcha día por medio durante estos 10 días restantes y caminar por el bosque también día por medio para visitar a mi jaguar. Seguía imaginando que siempre estaba allí, y esta vez quería visitarlo durante el día. En la tercera visita, cuatro días antes de que comenzara la marcha, hice un descubrimiento sorprendente. Lo vi más bien por casualidad, estaba cerca del claro, un poco más adentro del bosque, cerca de una pequeña entrada al río. Apestaba un poco, pero lo extraño era algo totalmente distinto. El bosque estaba en silencio, como si se hubiera apagado, como si el sistema de sonido no funcionara. Aunque uno no siempre era consciente de los sonidos, el bosque nunca se callaba. Recordaba un cuento que me había leído mi tío cuando era niño. En el cuento el jaguar ordenaba "A las tres en los árboles", y todos los animales se escabullían, excepto el puercoespín. Así fue exactamente como se sentía el bosque en ese instante, todos los animales se habían callado en un silencio tenso, no vi ni puercoespín ni jaguar.

Volví corriendo a buscar a Juan, era el único que tenía tiempo. Había llegado a estimarlo mucho. Parecía como si me hubiera estado esperando. Vino conmigo hasta el lugar en el bosque. Me dio un poco de pena que caminara tanto, ya no era joven y tenía algunos problemas en las rodillas.

—Sí, lograste llamar al jaguar. Y quería venir. Tienes habilidades muy especiales, Ayo, eres el nieto de Miro, muy, muy especial —fue lo único que dijo, en el camino apenas habló.

—Pero todavía no he visto ningún jaguar después de tanto tiempo —le respondí.

—¿Seguro que no? —preguntó Juan, como si supiera más que yo.

Cuando llegamos al lugar en cuestión, el bosque seguía en silencio, Juan también lo sintió de inmediato.

—¿Lo sientes? Él está ahí.

Bueno, la verdad era que no podía sentir a ningún jaguar, pero sí, esa sensación rara de que algo pasaba. Le mostré a Juan mi descubrimiento. Justo delante del claro, a unos 30 metros del río en el bosque, yacía un tapir muerto. Evidentemente, había sido atacado por un animal de gran tamaño y había pocos animales que pudieran agarrar una presa tan grande. El anta había sufrido un mordisco en el cuello, la posición torcida de la cabeza indicaba que tenía el cuello roto. Parecía tan tranquilo, aunque los tapires eran animales pacíficos de todos modos.

—Esto sucedió hace muy poco, ¿ves? —analizó Juan.

La sangre aún no se había filtrado y la cena estaba casi completa. Seguramente el cazador estaba allí, en algún árbol, observándonos. El jaguar siempre se mantenía cerca de su presa. Si no comía rápidamente, la presa se podría u otros iban por ella. Pero el jaguar era el primero en comer, sólo entonces dejaba los restos para otros animales.

—¿Fue realmente el jaguar? —dije.

—Pero por supuesto. Y está bien dispuesto hacia nosotros, de lo contrario ya nos habría atacado, tan cerca de su presa. Si quieres, puedes encontrar un lugar cercano y esperarlo.

Eso sonaba increíblemente tentador. Al esperarlo, me sentía como si hubiera concertado una cita con la mujer de mis sueños, mi corazón palpitaba de emoción. Era como si sólo hubiera conocido el nombre en Internet, hubiera visto una foto fugaz y ahora estuviera a punto de producirse el im- portantísimo encuentro. ¿La invito a un vino o más bien a un café con leche de soja? ¿Me pondría mi camisa azul o mi camiseta amarilla? ¿Se me permitiría besarla o entonces me abofetearía? ¿Y si se mantendría alejada?

Esta era mi oportunidad, pero también un peligro. Tan cerca de la presa, ¿y si me atacaba? Juan pareció percibir mi lucha interna.

—Cierra los ojos y conectate con el bosque. Sentirás la energía, Abu te sentirá a ti también. —Habló—. Ahora debo volver a la aldea, prepararé más medicinas para los valientes que caminan en esta marcha. Especialmente para los pies prepararé alguna crema, mi gente no está acostumbrada a caminar con chancletas o descalzos por caminos de asfalto tan duros.

Con estas palabras se dio la vuelta, me sonrió de nuevo y me dio un pequeño fruto del bosque.

—Aquí, mira, esto es motoyóe, crece por allí, sabe delicioso. —Me tendió una pequeña bola verde amarillenta, como una canica grande—. Abre la cáscara y puedes chuparla. Si tienes hambre o sed, puedes chupar algunas.

Miré tras él hacia el bosque y me pregunté si debía pedirle que se quedara. No me sentía tan cómodo con la idea de quedarme aquí solo, pero Juan no se quedaría. Sus palabras sonaban decididas.

Intenté calmarme y recordé el estrecho vínculo que había sentido en el bosque hace unas semanas. Me preguntaba si se refería a eso. El jaguar había estado a poca distancia detrás de mí, caminando sobre mis huellas, y el propio sistema de alerta de mi cuerpo no había entrado en acción. ¿O no había habido peligro? Y ahora, cerca de la presa que acababa de matar, ¿cómo reaccionaría? Por otra parte, ya había estado solo en el bosque tantas veces, de día y de noche, ¿por qué tendría miedo justo ahora? Tal vez porque sólo ahora se sentía real, sólo ahora sentía que podía conocerlo. Las veces anteriores había deseado encontrarme con él, pero no lo había esperado. Me preguntaba si era por eso que nunca lo había visto. ¿Qué quiso decir Juan con la expresión "sentir"? ¿Por qué Juan pensaba que ya había visto al jaguar?

Me acerqué al árbol que Juan había señalado y recogí algunas frutas, ¿cómo se llamaban? Moto-algo. La verdad era que estaban muy ricos. Había una gran pepa en el centro, que escupí en un arco alto, tratando de golpear un pequeño charco de agua hasta que se me ocurrió que probablemente alejaría al jaguar haciendo bulla en lugar de atraerlo. Busqué una rama libre de hormigas y cómoda, me tumbé en ella e imaginé que ahora yo era el jaguar que observaba desde arriba.

El audio del bosque volvió a encenderse lentamente, primero los grillos, luego escuché el chillido de algunos loros. El sol se estaba ocultando. Esta vez no llevaba una linterna, después de todo no había esperado una visita nocturna. Miré mi teléfono móvil y vi que todavía tenía 13 % de batería. De- cidí guardarlo para el camino a casa como linterna. Esta vez no estaba preparado para una noche en el bosque, no tenía nada contra los mosquitos. Después de lo que me pareció una eternidad, tan larga como una clase de alemán en mi colegio con la señora Kluge, decidí abandonar mi experimento. Ya no podía establecer esa conexión íntima con el bosque; el tapir muerto yacía sin vida a la vista y empezaba a apestar.

Los únicos animales que manipulaban el cuerpo eran las moscas. Lentamente bajé de la horquilla de mi rama y em- prendí el camino de vuelta. ¿Había un ruido de fondo? Me di la vuelta, pero no veía nada, la pequeña luna menguante tampoco me daba mucha luz. ¿Hubo un sonido? ¿Venía de la dirección del tapir muerto? ¿O estaba oyendo sonidos porque quería oír sonidos? ¿Cómo sonaban los pasos del jaguar por la noche en el suelo del bosque seco? ¿Se podía encontrar eso como un clip de sonido en Internet? Me detuve y miré atentamente en dirección al tapir. Pude distinguir dos puntos brillantes, ¿eran estrellas? Eran amarillentos y se movían. ¿O era que mis ojos me habían jugado una mala pasada? De repente oí un crujido en los arbustos, sonaba mucho más cerca de lo que esperaba. Ojos. El miedo me recorrió los huesos, me di la vuelta, encendí la linterna del móvil y corrí por el camino de regreso a la comunidad. En mi cabaña, respiré profunda- mente. Archie, no estaba allí, una pena. Justo en ese instante me hubiera gustado tener mi armadillo conmigo. Incluso un armadillo podría dar consuelo. ¿Había visto al jaguar? No era así como había imaginado mi primer encuentro.

¿Fueron mis nervios o realmente lo había visto? No lo sabía con seguridad. Ahora yo era el animal tímido que no se atrevía a acercarse. ¿Cómo había dejado escapar esta oportunidad, quizá la única, de verlo? Estaba enojado conmigo mismo, pero a la vez sentía que nos estábamos acercando poco a poco. ¿Había arrastrado la presa cerca del claro a propósito porque sabía que yo siempre volvía allí? Probablemente yo no le importaba en absoluto y estaba proyectando demasiado en esta relación, puede que no hubiera habido una relación, sólo éramos un animal salvaje y yo. Como después del Viaje de Pi. Después de muchos meses en el mar, el tigre también había huido de Pi, como si nunca hubieran tenido nada que ver el uno con el otro. Sólo un animal salvaje y un ser huma- no. Si hubiera adivinado lo que iba a ocurrir en las semanas siguientes, sin duda habría vuelto corriendo al bosque aquella noche.

CAPÍTULO XXV

L a iglesia me pareció mucho más grande de lo habitual, enorme, como la que se representaba en la película La Misión. Parecía mucho más viva, como si los ángeles chiqui- tanos empezaran a volar. Una multitud de personas entraba   y salía del templo como una enorme masa de regaliz. No esta- ban sólo los indígenas, había otras personas que viajaron des- de Santa Cruz especialmente para la ocasión, otros vinieron de San Ignacio, representantes de organizaciones de apoyo,   la prensa y por supuesto la gente de Concepción. No todos caminarían en la marcha, pero nadie se perdía la bendición. Había unos 20 representantes de los Arawak, entre ellos siete mujeres y dos bebés. Mi intento de impedir que participen las mujeres con bebés en esta larga caminata había fracasado. Al
fin y al cabo, se trataría de llamar la atención.

Cada grupo había preparado un banner, algunos eran solamente una sábana pintada en la que habían escrito el nombre y el escudo del pueblo. Atados a dos palos, estos eran llevados abiertamente por dos representantes de los respectivos pueblos. La masa comenzó a moverse. Estaba previsto recorrer los 360 kilómetros hasta la ciudad de Santa Cruz en tres a cuatro semanas, siempre que no hubiera incidentes. Si el INRA se abriera a negociar antes, los representantes negociarían, por supuesto, pero nadie contaba con ello. En comparación con otras marchas, esta tuvo menos peso, no sólo porque era de escala regional y no nacional, sino también porque todo se desarrolló con relativa facilidad. Por supuesto, era muy positivo que no hubiera incidentes importantes, pero la marcha no produjo titulares.

Sólo hubo que tratar las ampollas, una mujer se desmayó tras un largo día de caminata bajo el sol, algunos participantes tuvieron diarrea, otros se rindieron y regresaron a sus pueblos. Tras 25 días de marcha, un pequeño grupo de unos 50 indígenas armó una vigilia en la plaza 24 de Septiembre de Santa Cruz. Al día siguiente, querían apostarse frente al INRA, pero antes querían tomar la plaza principal de Santa Cruz. Dos carpas debían permanecer allí a largo plazo y llamar la atención del público en general sobre la causa.

Yo no había caminado toda la marcha, en medio había llevado a dos representantes de los Arawak de vuelta al pueblo en moto, porque tenían, como decían, asuntos urgentes que organizar. Probablemente ya no tenían ganas o la presión crecía demasiado para atender a la familia y al sustento de vida. De regreso a la marcha, llegué con 30 papayas y una carga de 100 naranjas como alimento para los caminantes. Aparte de eso, ayudé a preparar los lugares para pernoctar, a coordinar las entregas de ayuda, a recoger la basura de los lugares anteriores, pero también mantuve animadas conversaciones con representantes de diversas organizaciones. Me impresionó especialmente Pamela Parapaino, representante del pueblo indígena Monkoxi. Tenía una sonrisa juguetona en su fina boca, un pelo negro brillante y una hermosa voz, aunque ya no era muy joven. Le calculaba unos 50 años, pero también podría haber tenido 40 años y 10 hijos. Le había pedido que me enseñara algunas palabras de su idioma que luego olvidé casi por completo. Lo único que recordaba era *churapa*, ami- go, y *ametauná*, ven acá. Me las había enseñado una tarde y me mostró la luna más hermosa que había visto desde que llegué aquí. Una maravillosa media luna de color rojo anaranjado, acostada, como nunca se vio en Europa, una boca en plena sonrisa, como la de Pamela. Desgraciadamente, sabía que sólo veíamos este espectáculo de intenso color de la luna gracias al fuego y al humo. Preferiría no haberlo sabido.

Las oficinas del NAP estaban casi vacías. Y yo estaba muy contento de volver a visitar a mis ya muy conocidos amigos, Hugo y Elizabeth, pero también Tabea. Quería planificar con ellos, soñar, volver a dar vida a nuestros programas geográficos, pero, sobre todo, quería volver a entender algo más de este entramado de selva densa y confusa en la que las largas lianas de la corrupción estrangulaban a los escasos árboles estructurales, las moscas parásitas pudrían los frutos del proyecto antes de que maduraran y el paso por medio de esta selva podía ser fatal. Me alegré de poder hablar con Yennifer al menos. Como recepcionista, ella también tenía menos trabajo hoy y, una vez más, me recibió con una sonrisa profesional y un café que me hizo sentir en casa, con una pizca de distanciamiento cortés y un toque de distracción ocupada.

—Todos fueron a la Chiquitanía para evitar lo peor —me explicó, en un tono que sugería que "lo peor" era una errata en el protocolo. Sin embargo, sabía que no lo era.

—¿Es por los incendios forestales? —seguía preguntando.

—A estas alturas hay incendios por todas partes. Hugo fue a Roboré y está coordinando la asistencia, Eli viajó a Concepción con Tabea por un tema de algún área protegida, no lo sé exactamente.

—¿Puedo ir a la mesa de la cocina un momento y usar su Internet? —sugerí y sospeché que "lo peor" había ocurrido realmente. Había estado ocupado con la marcha durante casi cuatro semanas y no había seguido la evolución de los incendios forestales.

A primera vista, el sitio web de COMCIP sobre focos de calor parecía una erupción cutánea o una enfermedad de sarampión. Una zona marrón-verde llena de puntos rojos y naranjas de distintos tamaños. El informe médico al respecto fue el siguiente: 306 focos de incendio activos, 25 focos de incendio inactivos y 54 zonas en peligro. Hice zoom al municipio de Concepción y mis sospechas se confirmaron. Se produjeron incendios en los alrededores de la carretera prevista y en las zonas de algunas comunidades fantasma, así como en el límite del área protegida Morado-Norte. Hice clic en la región de los Arawak. No pude descubrir ningún foco de calor en su territorio, qué alivio. La comunidad 15 de Agosto también parecía haberse salvado, pero, si no me equivocaba, Che Guevara sí estaba ardiendo.

Me recosté en la silla y traté de relacionar estos fríos nú- meros con sentimientos e imágenes, todo parecía tan irreal. Estuve sentado en la silla un buen rato, paralizado, hasta que Yennifer me sacó del trance.

—Ni siquiera tomaste tu café, ¿quieres que te lo caliente otra vez?

Me limité a mirarla aturdidamente, esperando que mi cuerpo me enviara alguna señal. La única señal que emitía era la sensación de estar en el lugar equivocado, en Santa Cruz.

¿Qué estaba haciendo aquí mientras la Chiquitanía ardía?

Tras varios intentos infructuosos de contactar a mis colegas del NAP en Concepción, volví a la terminal bimodal en busca de un viaje hacia allá. Antes había vuelto a visitar a los representantes de la marcha, que mientras tanto se habían instalado frente al edificio del INRA. Me di cuenta, con tristeza, de que ahora había aún menos, quizá 30 personas, y no quedaba nadie de los Arawak. Una vez más, se necesitaba apoyo desesperadamente, seguramente no podrían haber caminado toda esa distancia para nada, o para que toda la atención sea luego tragada por los incendios. Sólo unas pocas organizaciones de apoyo seguían activas, la mayoría se con- centraban ahora en los bosques.

—Hola, Ayo —una voz suave vino de detrás de mí. Me giré y vi a Carmencita.
—¿A dónde vas? —preguntó.
—Estoy esperando el micro para Concepción —le respondí.
—También puedes venir con nosotros. Estamos recogiendo otra entrega de ayuda y luego volveremos con ese pequeño camión de allí.

—Señaló un pequeño camión pintado de colores brillantes que estaba cargado con dos bolsones grandes junto a una gran lona de plástico azul. La compuerta estaba rota y fue improvisada con dos cables. Los arañazos de la pintura oxi- dada estaban hábilmente cubiertos por una imagen erótica de una mujer pintada en tonos amarillos y rosas en todo el lado izquierdo del camión con el lema *Tu envidia es mi progreso*. El hecho de que el municipio de Concepción considerara o no políticamente correcta una decoración de este tipo probablemente no tenía importancia cuando se trataba de conseguir un transporte rápido y barato. Por supuesto, acepté esta tentadora oferta de transporte.

La primera parada fue el Comité Cívico Pro Santa Cruz. Habían recogido donaciones mediante una campaña a gran escala, las cuales ahora querían entregar a varios municipios afectados.

—Es estupendo que se organicen tantas donaciones, estoy impresionado, —le dije a Carmencita.

—Sí, así es, esa es nuestra cultura, siempre nos ayudamos unos a otros. Cuando un familiar o amigo cae enfermo, también organizamos grandes ferias, se venden alimentos y rifas, se invita a barrios enteros y se recauda dinero para los gastos médicos. Lo aprendemos desde pequeños. Y ahora, para la Chiquitanía, es como una familia extendida. El problema es que, en primer lugar, nadie coordina las donaciones, por lo que algunas comunidades reciben bastante y otras nada. En segundo lugar, no recogen necesariamente lo que necesitamos. Mira.

Mientras tanto, habíamos llegado al recinto del Comité Cívico, donde algunas personas de la prensa estaban entrevistando a los representantes. Me pareció retorcido. ¿No deberían ser más bien las personas afectadas las que fueran entrevistadas? ¿O se trataba de una campaña publicitaria?

Detrás de los tres actores principales había unos 10 actores secundarios y una torre de dos metros de altura de botellas plásticas con agua.

Junto a la torre había sacos de arroz, azúcar, harina y otros alimentos. Cargamos todo en nuestro camión y nos dirigimos a la siguiente parada, una ferretería.

—Ahora compramos lo que realmente necesitamos —añadió Carmencita, que salió poco después con otros dos representantes del municipio. Tres tanques de agua de 5.000 litros y un montón de guantes y botas ignífugas. Dudaba que fueran realmente ignífugos, pero al menos la gruesa suela de los zapatos debería aislar el calor.

Me acomodé en los sacos de arroz junto a otras 10 personas, sólo había espacio para tres pasajeros en la parte delantera de la cabina del conductor y estos asientos se dejaron para las mujeres. Al salir del pueblo, nos esperaba en la tranca la flota que llegaba regularmente desde San Ignacio. Era la empresa Jenecherú, traducido del guaraní por "el fuego que nunca se apaga". Deseaba con todo mi corazón que este lema no estuviera tan aterradoramente cerca de la realidad. Los fo- cos del incendio se encontraban a tan sólo unos 20 km del territorio Arawak y un profundo temor me invadió. Se me venían las imágenes de las parabas de colores, las antas, las enormes copas de los árboles y sobre todo la idea de que mi abuelo Miro, *Abu*, pudiera deambular por estas selvas en forma de un jaguar. Eso me hizo estremecer. Me sentía un poco culpable por no pensar en la gente por el momento, pero el efecto siguió siendo el mismo. Haría todo lo posible para luchar contra estos incendios, esta misma tarde me inscribiría como voluntario a la brigada de bomberos en lucha contra los incendios forestales. Si hubiera sabido de antemano lo que iba a suponer una misión así, quizá no me hubiera apuntado.

CAPÍTULO XXVI

Tres decepciones a la vez. Los bomberos me rechazaron. Los ayudantes sin equipo ni conocimientos sólo representarían peligro y problemas, y no podrían permitirse eso. En segundo lugar, sería imposible determinar a qué región sería enviado para extinguir el fuego, eso se coordinaría de forma centralizada y dependería de la brigada en la que fuera aceptado. Así no podía apoyar necesariamente a los Arawak. En tercer lugar, no había forma de conseguir equipo y entrenamiento desde aquí, podía ayudar a cocinar la comida para las brigadas, que se coordinaba de forma centralizada en el campus de una escuela en Concepción.

Estaba más frustrado de lo que había estado en mucho tiempo. Aparté a los indígenas Ayoreos que intentaban venderme orquídeas y pulseras, y pateé tres basureros que vaciaban su contenido en la calle con un fuerte estruendo. De vuelta en mi alojamiento en Concepción, encendí la televisión, me tomé una cerveza y me dejé llevar a otro mundo. ¿Qué podría hacer aquí para calmarme? ¿Meditar? No, estaba demasiado alterado para eso, ¿arrojar mi sufrimiento a los pies de alguien como el contenido de los basureros? No, no quería imponer mi presencia a nadie.

Con el rabillo del ojo vi el restaurante que me había acogido tan maravillosamente en mi primera visita aquí en Concepción, El Buen Gusto. Decidí empapar mi pena allí con una cerveza, o muchas cervezas, y darme un festín de comida suntuosa hasta que, enterradas en lo más profundo mis tristezas, ya no fueran capaz de emitir un sonido.

Decidí comer un keperí al horno, un enorme trozo de jugosa ternera de Nelore, largamente cocinada. Pensaba que ojalá fuera capaz de dejar toda mi agresividad en ella.

Recordé lo que una vez me dijo un indígena aymara: lo único seguro aquí en Bolivia es lo inseguro. Lo mismo ocurría con las normas. Las soluciones y las leyes se interpretaban más como una recomendación y no como un mandamiento. Si el semáforo estaba en rojo, tal vez estaba en verde después de todo (de hecho, había semáforos que mostraban el rojo y el verde al mismo tiempo). Si algo estaba prohibido, estaba permitido en cierto contexto. Si un camino parecía cerrado, había un desvío y un *no* tal vez era un *todavía no llegó el momento*. Así que un *no queremos a ningún novato en nuestro cuerpo de bomberos*, lo podría interpretar como un *vuelva a intentar más tarde*.

A la mañana siguiente volví al patio de la escuela, donde se coordinaban las entregas de ayuda, las brigadas y los alimentos. La idea de entrar como cocinero o lavavajillas no me atraía especialmente, sobre todo porque no había manera de que estuviera a la altura de las formas bolivianas de picar cebolla en pluma o cubito sin una tabla de cortar. Mi estrategia de estar parado al azar se vio favorecida después de unos 30 minutos. Conocí a José Martín, y ese fue un primer encuentro que se convertiría en una maravillosa amistad. José Martín, o Marti, era un joven delgado, quizá de unos 20 años, que estudiaba Ciencias Ambientales en la universidad estatal de Santa Cruz "Gabriel René Moreno". Sus ojos redondos y castaños brillaban con ansia de vivir. Llevaba su pelo de unos 10 cm de largo que decidía por sí mismo cómo quería echarse y sus orejas sobresalían como si no quisieran perderse un solo sonido. Marti tampoco quería perderse nada en su vida, así que tampoco me dejó pasar a mí.

Así fue como ahora formaba parte de la Brigada 8. Cada brigada estaba formada por cinco hombres, de vez en cuando también había una mujer.

En la primera línea, el primer hombre era el coordinador de la brigada, en nuestro caso era un bombero voluntario con experiencia y formación. Su trabajo consistía en encontrar una ruta segura y abrir el camino que nos acercara al foco del incendio, desde el que pudiéramos combatirlo estratégicamente. Si era necesario, retiraba grandes obstáculos o cortaba troncos. Cortaba pasillos para evitar que el fuego se extendiera a otras partes del bosque. Pero, sobre todo, era responsable de nuestra seguridad. Era el machetero y entre nosotros sólo lo llamábamos *El Pionero*. En la segunda línea de la brigada estaban el responsable de apagar el foco directamente con agua o matafuegos; este debía golpear los grandes troncos y ramas incandescentes para sofocar las llamas. Debía tener mucho cuidado al pisar por las brasas ardientes, tratar de esquivar los árboles que caían y cuidar incendios renacientes. Lo llamábamos *El Vice*. El hombre de la tercera línea apagaba el follaje que arrastraba el fuego, limpiaba el ca- mino con palas y rastrillo para evitar la reactivación del fuego mediante aquellas brasas que *El Vice* había aplastado. Tuvo que asegurar brechas entre bosque sano y los incendios y evitar que saltaran chispas. Se trataba de *El Saltamonte*, o en este caso era Marti. Tenía que reaccionar con agilidad. El hombre número 4 era yo, el último de la fila. Mi trabajo consistía en llevar las mochilas de agua de mis compañeros al camión cisterna, rellenarlas y llevárselas de vuelta. Todos llevábamos mochilas de agua en el hombro. Eso era muy agotador, así que mi apodo era *El Chaski*, como el corredor en los tiempos incaicos. En aquel entonces, el *Chaski* había entregado mensajes en lenguaje de nudos, ahora se me permitió llevar agua. El hombre número 5 tenía un papel casi tan importante como *El Pionero*. *La Base* conducía nuestra camioneta, en cuya par- te trasera llevábamos un tanque de 5.000 litros de agua. Tenía que hacer un excelente trabajo para guiarnos a través de los lechos de los ríos, la arena y los baches, y encontrar la manera de liberarnos en un lugar adecuado. Al mismo tiempo, tenía que garantizar nuestra seguridad desde el exterior.

Estaba en constante contacto por radio con *El Pionero* y controlaba nuestra ruta de escape en caso de que el viento cambiara y el fuego u otras condiciones bloquearan nuestro camino de vuelta. Me dieron una sesión informativa sobre mi equipo y nuestro trabajo de bombero. Nos reuníamos todas las mañanas y nos llevaban a algún lugar de incendio, según fuera necesario. Los domingos debíamos descansar un día y ser revisados en el hospital para detectar niveles excesivos de dióxido de carbono y monóxido de carbono en nuestros pul- mones.

A partir de ese momento, alguien debe haber acelerado el reloj del tiempo. Ni siquiera pude desayunar y ya estaba sentado en el camión sin saber a dónde iba. Tuve que bajar una vez más, había olvidado mis botas, ya que el equipamiento consistía en muchas cosas. Todavía tenía que digerir toda la información. El viaje iba a durar cerca de dos horas y nos llevaría a Lomerío, hacia la tierra de los indígenas Monkoxi en el este, la tierra de la impresionante mujer que había conocido en la marcha, Pamela Parapaino. Quería seguir haciendo preguntas durante el trayecto y aprender de las experiencias de mis compañeros, pero el fuerte traqueteo del camión y la distancia a la que nos sentábamos alrededor del depósi- to de agua hacían imposible una conversación. Después de una hora aproximadamente, el primer humo nos llegó a la nariz, poco después también a los ojos, los oídos y la boca. Ahora debíamos ponernos también el equipo de protección en la cara. Era casi como esquiar a 20 grados bajo cero. Gafas ajustadas, protección sobre la boca, la nariz y la cabeza, un casco y el traje con guantes y botas. Salvo que aquí solía haber 30 grados sobre cero y esa temperatura aumentaría aún más en el fuego. Ya temía el primer golpe de calor incluso antes de empezar a trabajar. Al menos debería haber desayunado.

El humo era cada vez más espeso, junto con el polvo en la carretera, me preguntaba cómo *La Base* podía conducir con tanta seguridad a esta velocidad.

Íbamos por caminos secundarios que no parecían aptos para vehículos, no lo eran. Esperaba salir de allí sano y salvo. El humo se disipó un poco, el camión se detuvo y nos bajamos. Mis tres compañeros llenaron sus mochilas y yo llené otra que luego cambiaría por una vacía. Un último chequeo de la radio y nos adentramos en el bosque. No podíamos estar a más de dos metros de distancia para no perdernos. Me apegué a Marti. Ese día corrí de un lado a otro del sendero unas 50 veces para llenar las mochilas de agua. Cada vez tenía que correr un poco más. La última vez tuve que recorrer unos 3 km en la selva para llegar a mi brigada. Tuve que hacer varios descansos. El calor era simplemente insoportable, sensación que venía del esfuerzo físico y la gruesa ropa de protección. Estaba seguro de que no duraría un segundo día. Entonces el agua se agotó, al igual que nuestras fuerzas, y todos nos encontramos de vuelta en el camión. Aunque el humo no era muy fuerte, debíamos llevar nuestra protección durante todo el camino de vuelta a Concepción, donde nos recibían en la escuela con un plato lleno de comida y abundante refresco Tampico. Era la primera hora de la tarde, pero me parecía un día interminable. Estaba completamente agotado.

—¿Oíste hablar si el avión cisterna *Supertanker* ya llegó? —preguntó Marti a *El Pionero*.

Todavía no me había enterado de los verdaderos nombres de los demás brigadistas, pero sabía que *El Vice* había viajado hasta aquí especialmente desde Cochabamba para combatir los incendios forestales. Tenía una cara redondeada, era de piel muy oscura y tenía el pelo grueso y negro cortado medio largo y redondo, como si le hubieran puesto una olla en la cabeza. *El Pionero*, por su parte, era de Concepción y se había formado como bombero hace unos años en un programa canadiense de cooperación al desarrollo. Tenía una cara bastante alargada, la forma de su rostro me recordaba el contorno del área protegida de Morado-Norte.

Parecía muy experimentado y sentía que estaba en buenas manos con él. No hablaba mucho y fue decisivo.

—El avión debería estar aquí mañana.

—¿Aquí en Concepción?

—No, aquí en Bolivia. Ayer despegó desde California, luego hay una recepción con el presidente en Santa Cruz, luego se llena de agua y vuela a la Chiquitanía. Las respuestas de *El Pionero* eran muy tranquilas y decididas, y claramente estaba disfrutando de su sopa de pollo.

—Escuché que este avión de extinción de incendios tiene capacidad para 75.000 litros de agua, con él apagan usualmente los incendios forestales de California.

Probablemente Marti también estaba muy interesado técnicamente en esta moderna máquina, tenía que ser un avión impresionante.

—Pero eso no sirve de nada aquí —dijo *El Pionero*—. El bosque aquí es muy diferente. En Canadá y Estados Unidos hay un tronco largo en la parte inferior y luego las copas largas como los pinos navideños. Así las copas de los árboles se incendian y se puede apagar un fuego desde el aire. Aquí, los densos arbustos están en el fondo, el barbecho arde y luego lleva el fuego hacia arriba. No se puede hacer mucho desde el aire.

—Entonces, ¿por qué están trayendo todos estos súper aviones? Incluso se supone que hay otro que viene de Rusia.

—El gobierno tiene que hacer algo. Además, en realidad no les interesa apagar el fuego. Y estos súperaviones tienen mucha prensa, a los políticos les gusta eso.

Con estas palabras, *El Pionero* se levantó y se despidió. Todavía tenía una reunión de coordinación con los líderes de las otras brigadas.

El Vice se había levantado y se había ido antes, y *La*

Base había conducido a casa en el camión inmediatamente después de dejarnos en el colegio.

Me senté junto a Marti en el suelo de cemento del patio del colegio, con nuestras espaldas apoyadas en una barandilla metálica que, además de óxido, tenía unos dibujos de letras y corazones, cosas típicas de adolescentes.

En realidad, estábamos demasiado cansados para hablar, pero el gran deseo de cercanía humana aún me daba un poco de energía.

—Marti, podrías estar disfrutando de tu vida tranquila de estudiante, ¿por qué vienes aquí a luchar contra las llamas?

Marti observaba una pareja de loros que surcaba los cielos. Su mirada parecía mirar hacia el pasado.

—¿Sabías que los loros son siempre fieles? Tienen una sola pareja toda su vida. Cuando uno muere, el solitario se une a otros loros solteros, pero no forman una nueva familia. Anidan en las cavidades de las palmeras muertas. Sólo ponen dos a tres huevos cada dos años.

Marti vació su vaso de plástico de refresco de Tampico, como si quisiera armarse de valor para la segunda parte de su historia.

—Crecí en Porvenir, ¿lo conoces? No está lejos del Parque Nacional Noel Kempff Mercado. También es un territorio indígena al mismo tiempo, así que está doblemente protegido. Mi familia es como las parabas. Mi madre hasta hoy tampoco se volvió a casar, y además tuvo un hijo cada dos años, ahora somos nueve hermanos.

Se rio con una de esas risas que representan un breve respiro en una triste realidad, como un cuarto intermedio en una cantata en si bemol. Me sentía como un bajo continuo, haciendo de vez en cuando un *hmm, oh* u otro sonido para acompañar el recitativo.

—Mi padre encontró una vez un polluelo de paraba azul. Lo acogimos y lo alimentamos. Sólo quedan 200 a 300 de estas parabas, son endémicos, sólo existen aquí en esta región y en el departamento del Beni. Luego vinieron, los migrantes, hace unos cinco años, también a nuestra zona

y quemaron enormes áreas. No pudimos salvar al polluelo. A mi padre tampoco.

Miré a Marti con preocupación y no pude encontrar las palabras. Tras una breve pausa, pregunté con cautela: "¿Qué ha pasado?".

Las aves se habían desplazado entretanto y habían desaparecido en el horizonte, donde las nubes de humo de los bosques circundantes eran arrastradas por los vientos del sur.

—Actuaron con imprudencia. Muchas hectáreas se estaban quemando. Era la estación seca y demasiado temprano para el chaqueo y la quema. Era época de los vientos fuertes de agosto, el fuego se acercaba mucho a nuestras cabañas. Tuvimos que soltar el ganado para que no se quemara. Mi padre había organizado a la gente del pueblo para apagar el fuego. No teníamos equipo, sólo teníamos baldes y machetes y conocimientos del bosque. Todos luchamos contra el fuego durante tres semanas y conseguimos salvar las cabañas. Hubo una gran fiesta, sacrificamos una vaca. Todos los ayudantes estaban contentos, pusimos música y bailamos. Entonces mi padre cayó, muerto.

Marti se levantó bruscamente y devolvió su plato. Se volvió hacia mí una vez más, susurró un "*hasta mañana*" y se fue, conteniendo sus lágrimas con vergüenza de llorar en público. Ya había oído lo peligroso que pudo ser la intoxicación por humo, pero esta historia me deprimió mucho. ¿Quiénes habían descuidado el fuego de tal manera que se expandiera por toda la zona? ¿Cómo se las arreglaba su madre tras la muerte de su padre? El motivo de Marti para luchar contra las llamas aquí me había quedado más que claro y le agrade- cía que me confiara su historia personal. Tenía miedo de las historias que iba a vivir en las próximas semanas. Ya física- mente incapaz de hacer frente a mi nueva tarea, ahora también dudaba de mi estabilidad emocional para hacer frente a las experiencias que me esperarían. Con razón.

CAPÍTULO XXVII

Me acosté en el hospital y lloré como no lo había hecho en años. Los primeros cuatro días de lucha contra el fuego en la brigada 8 habían terminado y yo personalmente quedé rendido. Había empezado un miércoles y hoy, domingo, tenía mi primer día de descanso y mi primer chequeo en el hospital. Después de la historia de Marti, me tomé estas revisiones muy en serio. A mi lado había una mujer que había sido ingresada el día anterior, había pisado una raya en una comunidad remota, el aguijón venenoso del animal la había alcanzado en el pie izquierdo y la había debilitado mucho. Su herida se había infectado gravemente. Debía ser llevada en avión a Santa Cruz. Yo podría volver a caminar en un momento, pero ella tendría que luchar con esta herida durante mucho tiempo.

De vuelta a mi habitación del hostal, estaba tumbado en mi cama y seguía completamente angustiado. Todas las experiencias de los últimos días, el miedo constante y el esfuerzo físico extremo me habían agotado por completo. Durante cuatro días había dormido sin sueños, mi cuerpo simplemente funcionando. Hoy, todos los pensamientos, quejas e imágenes volvieron a salir a la luz, como una marcha de protesta de mi interior. No me atrevía a cerrar los ojos porque enseguida aparecieron las escenas de la película mostrando vegetación quemada, jochis y urinas muertas, pero lo que más me impactó fue un taitetú que se había quemado e inflamado tanto las patas que apenas podía caminar.

Lo llevamos a Concepción, donde ahora estaba siendo atendido por un veterinario. Me recordó a mi armadillo Archie, que me esperaba en Cañada Larga.

Por la noche me sentía mejor y observé digitalmente el progreso de los incendios forestales. Mientras tanto, el lado brasileño también era un mar de llamas y en el sureste de Bolivia los incendios se extendían por todo el Chaco hasta Paraguay. El Parque Nacional de Kaa Iya estaba en llamas. Este parque albergaba la mayor población conocida de jaguares. Kaa-Iya, que traducido significaba el *amo del bosque* para los indígenas guaraníes, *El Tigre,* una parte de mi familia y de mí. Nunca había imaginado que el Gran Chaco ardería. Lo asociaba a vastas extensiones secas y a una escasa vegetación de cactus y bromelias. Al parecer, suficiente para llevar el fuego más allá de las fronteras del país. Las cifras desnudas hablaban de 345 focos de calor activos sólo en el departamento de Santa Cruz; en el departamento de Beni había otros 236 focos de incendio, pero las áreas se habían desplazado parcialmente. Además del Chaco, una parte del Pantanal, al sureste de la pequeña ciudad fronteriza de Puerto Suárez, también estaba en llamas, pero algunos incendios habían sido extinguidos en la zona de Roboré. Respiré profundamente y me adentré digitalmente en el municipio de Concepción. Con precaución, me acerqué a la región de los Arawak y abrí mi mapa en el Archie al mismo tiempo. Cerré los ojos y tomé un profundo trago de cerveza Huari. Nuevamente escudriñé la región y vi que no era imaginación. El fuego se estaba acercando y ya había llegado al límite de la comunidad 15 de Agosto. Me hubiera gustado entender qué criterios se utilizaban para decidir qué brigada iba a qué zona, cómo me hubiera gustado que me enviaran a esta región para proteger a los Arawak del fuego, pero esta semana no me iba a tocar ir a esa región. En cambio, me esperaban acontecimientos completamente diferentes.

Empecé el lunes mi segunda semana de bombero lleno de nueva energía y confianza, aunque los últimos días me habían llevado al límite. Pero, como ocurre en la vida, siempre se reajustan de nuevo los límites personales, se desplazan, se redibujan. A veces se trazan, a veces consisten en una línea gruesa o incluso doble. A veces son elásticos como una banda elástica y otras veces te quemas los pies al cruzarlos. Esta vez, al cruzar mis límites personales se tatuarían imágenes directamente a mi corazón.

El lunes y el martes transcurrían de forma similar a la semana anterior y aprendí a pasar por alto la vida extinguida de los árboles, los pájaros muertos y la serpiente carbonizada para concentrarme en mi trabajo de extinción de incendios. También desayunaba cada mañana una sopa abundante para tener al menos mi fuerza física óptima. Quedábamos con Marti en el mercado para desayunar cada mañana, compra- mos frutas, hablamos de cosas triviales y luego nos lanzamos a las llamas. El miércoles, sin embargo, pasaría a la historia como uno de los días más angustiosos, frustrantes y aterra- dores de mi vida.

El día empezó como los días anteriores. Debíamos trabajar en una comunidad con el prometedor nombre de El Paraíso. La ruta debía pasar por Santa Rosa de Guadalupe, una parroquia en la que habíamos estado el día anterior. Supuse que por eso nos habían elegido para esta nueva comunidad, porque estaba a dos horas de camino más allá de la comunidad del día anterior en pleno bosque y ya estábamos familiarizados con esa región. Nos subimos al camión y nos dieron un *bueno, cuídense y si pueden salgan de una pieza.* No son exactamente los comentarios que uno quisiera para las tareas difíciles, pero aquí habíamos escuchado todo tipo de cosas entre los miembros de la brigada.

Para estar seguros, llevamos un bidón de 10 litros de gasolina, esta comunidad estaba a varios kilómetros de distancia y deberíamos tener suficiente combustible para estar seguros. El depósito de agua ya estaba lleno, en comparación de otros días que parábamos en una laguna y lo llenábamos en el camino.

Esta vez, eso nos llevaría demasiado tiempo, teníamos un largo viaje por delante.

Después de aproximadamente una hora y media, llegamos a Santa Rosa de Guadalupe, nos detuvimos y no podíamos creer lo que veíamos. Todo el trozo de bosque que habíamos apagado al día anterior, y sobre todo asegurado por brechas, volvió a arder. Parecía que el propio suelo ardía, como si las llamas brotaran de la tierra y la Madre Tierra se suicidara. Sin palabras e impotentes, nos quedamos a un lado del camino y contemplamos el inútil trabajo del día anterior.

¿Había sido todo en vano? ¿Arriesgamos nuestras vidas aquí para nada? Antes de quedarnos paralizados por nuestra frustración, estábamos a punto de volver a subir al camión para continuar, cuando *El Pionero* corrió un poco hacia el bosque hacia una persona que estaba ocupada con algo que no pudimos distinguir. Corrimos tras él y descubrimos a dos campesinos con un bidón vacío de gasolina.

—¿Qué crees que estás haciendo? —*El Pionero* les espetó de una manera inusualmente brusca.

—Nosotros, hum, sólo queríamos... —Hasta ahí llegaron, porque *Pionero* agarró el bidón de gasolina y, lleno de rabia, lo lanzó hacia atrás al bosque.

—Ayer trabajamos como esclavos aquí todo el día y tú... Acabas de incendiar el bosque de nuevo. ¡Te denunciaré!

Los campesinos se hicieron aún más pequeños de lo que ya eran y sólo pronunciaban palabras muy tímidas.

—Esto es lo que decidimos en nuestra reunión comunitaria, que... —De nuevo fueron interrumpidos por Pionero.

—Entonces denunciaré a toda la comunidad y encima a Guadalupe y Rosa. —*Pionero* continuó despotricando.

—¿Qué es esta sonsera? Casi están quemando sus propias cabañas.

—El cacique de nuestra comunidad dijo que entonces

también recibiríamos estas entregas de ayuda. No recibimos nada, absolutamente nada, todas las demás comunidades reciben dinero, agua, comida, materiales. Es injusto.

—Ayer recibieron a todo un escuadrón de bomberos formados, y ¿así se lo agradecen? ¿El incendio de ayer también fue montado por ustedes? Es un buen teatro. Debería denunciarles.

—No, el de ayer era allí atrás, es de la comunidad vecina a la nuestra, pero era muy pequeño. Pensamos que seguramente no conseguiríamos nada. Por favor, no nos denuncien, de qué vamos a vivir aquí, todo está totalmente seco, no tenemos más agua y ahora estas operaciones de extinción de incendios también nos quitan el agua del atajado del ganado.
—Esto es increíble.

El *Pionero* no pudo decir más y entonces decidió ir a lo que veníamos, continuar al siguiente foco de incendio más allá, después de todo teníamos que seguir nuestras instruc- ciones.

¿Cómo puede una comunidad quemar su propio bosque, así nomás? ¿Sólo para suministros de ayuda? ¿Realmente importaba tan poco el bosque? ¿O el sufrimiento era tan grande? ¿Destruir sus propios medios de vida sólo por unos pocos bolivianos o algo de comida? No podía creerlo. Por otro lado, ¿no lo hacíamos todos? ¿Nosotros como humanidad? ¿No estábamos todos destruyendo nuestros bosques, contaminando nuestras aguas y exportando nuestros proble- mas a otros países?

El camino era realmente largo, la carretera cada vez más estrecha y los agujeros cada vez más grandes. De vez en cuando venían nubes de humo hacia nosotros, veíamos la nube de humo de Santa Rosa en la distancia y otras nubes de humo cuya dirección ya no podíamos distinguir. El estruendo del camión era tan fuerte que mi cabeza latía con fuerza. Varias veces me golpeé la nuca con una barra de la plataforma del camión, aunque intenté protegerme con mi equipo. Sólo esperaba que este camión pudiera soportarlo. Eran casi las 11 cuando finalmente llegamos. La comunidad consistía sólo en cabañas dispersas, pero tuvimos que pasar y extinguir un incendio que estaba a unos 10 km más allá dentro del bosque.

Uno de los criterios para el envío de una brigada era la protección de las comunidades y, por tanto, de las vidas humanas, por lo que todas nuestras asignaciones hasta ahora habían sido cerca de ellas, aunque todavía había grandes incendios en algunas zonas protegidas monte adentro. Como me había explicado Marti el otro día, otros criterios eran también la accesibilidad y la intensidad del fuego. Muchos de los incendios no podían ser alcanzados por tierra, por lo que sólo podían ser extinguidos por aviones o helicópteros de lucha contra el fuego. También se utilizaron aviones más pequeños para este fin, mientras que el llamado *Supertanker* debía hacer el trabajo preliminar para las tropas de tierra. Esta coordinación no estaba funcionando en casi ningún caso hasta ahora y teníamos que extinguir incendios primarios. Sin embargo, no nos enviaron a las zonas donde la intensidad del fuego era demasiado alta porque el peligro de ser rodeados y asfixiados por el humo era demasiado grande. Por no hablar de lo que podrían hacer cinco pequeños bomberos. La comunidad me parecía de alguna manera siniestra. Por un lado, había muchas casas que parecían muy deterioradas. Aunque las cabañas de otras comunidades también estaban construidas de forma muy sencilla, estas cabañas aquí irradiaban indiferencia y abandono. Todo parecía muy despojado y, extrañamente, casi no vimos mujeres. Las únicas dos mujeres que vimos entre la veintena de personas estaban junto a un fogón y cocinando. También me di cuenta de lo que hacía a este lugar significativamente diferente de los de- más: no había niños. La gente nos miraba con desconfianza mientras pasábamos. En otras comunidades, la semana pasada, nos habían acogido y apoyado con alegría, los niños habían jugado con piedras al borde del camino, nos habían recibido con bolos de leche y zumo de naranja recién expri- mido o nos habían animado con frases motivadoras. Los niños siempre se habían puesto al lado de la carretera llamando *bomberos, bomberos, bomberos*, pero aquí era extraño e in- quietantemente silencioso.

El Paraíso se sentía más infierno que paraíso.

La Base nos dejó en un lugar adecuado, como siempre. Nos preparamos, revisamos nuestro equipo una vez más y nos adentramos en el bosque. Al igual que en los otros focos de incendio, aquí apenas había un fuego ardiente, rescoldos de los días pasados. El olor de la vegetación quemada se mezclaba con otro olor dulzón que no podía identificar. Nos adentramos en lo más profundo del bosque, o en lo que quedaba de él, con la misión de evitar que el fuego se reiniciara. Hicimos nuestro trabajo y desconectamos el cerebro y las emociones, como siempre, para sólo funcionar.

Llevábamos unas dos horas de trabajo cuando, de repente, la radio de El Pionero crujió, se la llevó a la oreja, escuchó y luego corrió hacia nosotros como si le hubiera picado un peto, articulando las manos en el camino de vuelta. Yo había dejado una mochila en el suelo que iba a recoger, pero Marti me arrastró con él. Saltamos por encima de las raíces, las ramas nos arañaban la cara, *El Vice* se deshacía de su mochila aún medio llena y corría tras nosotros. Habríamos recorrido estos 3 km que nos adentramos en el bosque más rápido que un experto corredor de campo durante el campeonato. El corazón latía con locura, además me estorbaba del traje de protección y las gruesas botas. Tropecé varias veces, la visibilidad era escasa y había mucho humo, pero me precipité como un ciervo asustado. Aun así, no tenía ni idea de por qué estábamos corriendo por nuestras vidas.

Ya me estaba desmayando cuando finalmente llegamos al camión. *La Base* ya había encendido el motor y ya se estaba alejando, saltamos al camión al vuelo. Todo traqueteaba y crujía como si el carro fuera a estallar en pedazos en cualquier momento, y poco después llegamos de nuevo a El Paraíso. Desde cierta distancia ya podíamos distinguir a los hombres que habíamos visto en el camino de ida, estaban todos reunidos. *La Base* pudo verlo primero. Un gran tronco de árbol nos bloqueaba el camino, el único camino de vuelta, y ahora también vi lo que había infundido miedo en las extremidades de mis compañeros de brigada. Junto al tronco del árbol había dos personas con botas militares y rifles al hombro. Sobre sus pantalones de camuflaje llevaban una camiseta gris, sus rostros me recordaban a nuestros fuegos, estaban enfadados, quemados y espantosamente inertes. Me recordaban a las fotos de los combatientes de las FARC colombianos que una vez miré en Internet cuando se negociaba el proceso de paz. La misma postura, la misma expresión facial.

¿Qué estaba pasando aquí? ¿Qué pensaban hacer con nosotros y, sobre todo, por qué? Sólo entendía una cosa, teníamos que salir de aquí lo antes posible. *La Base* también lo entendió e hizo un giro cinematográfico de 180 grados, el camión patinó sobre el suelo arenoso y apenas pasó junto a un perro dormido. Un neumático se enganchó a un marco de madera sobre el que se había trabajado una placa metálica, traqueteó y el camión se balanceó amenazadoramente. Pensé que volcaría. Sin embargo, lo que se volcó fue la cisterna de agua de la plataforma de carga y cayó sobre mi pie y me aplastó los dedos a través de las botas. Conseguimos dar la vuelta a unos 20 metros antes de la barrera, los campesinos corrieron tras nosotros gritando y nosotros huimos de nuevo hacia el origen del fuego que acabábamos de dejar. No había ningún camino por el que pudiéramos haber girado, así que continuamos por la carretera hacia el humo. Parecía que este camino se iba a perder en el bosque en cualquier momento, cuando se abrió otra senda a nuestra izquierda, lo suficiente- mente ancha para nuestra camioneta. Avanzamos por la vía sin saber a dónde nos llevaría, lo principal era alejarnos de la amenaza y, con suerte, volver a la civilización, una civilización que no tendría intenciones de dispararnos.

Me dolía mucho el pie y trataba frenéticamente de sacarlo de debajo del tanque de agua aún medio lleno, sin éxito. Pero el dolor se fue adormeciendo poco a poco, y se formó un nuevo dolor porque seguía golpeando mi cabeza con la barra de carga trasera. Miré a mis compañeros, ellos también tenían caras llenas de miedo y dolor.

Marti se había metido en la esquina trasera derecha como un niño, agarrando los barrotes de detrás de la cabina y mirando hacia delante. Todos nos agarramos a unos barrotes para no salir volando del camión, con cada golpe aterrizábamos sin remedio en el coxis. Era horrible. Afortunadamente, la carretera tomó una gran curva hacia el sur, que no nos llevaría de vuelta hacia Concepción, pero al menos no nos alejaba de ella. Parecía un camino forestal en desuso. Delante de nosotros vimos humo. Se hacía cada vez más espeso y vimos el incendio de arbustos más adelante, las ramas ardientes cayendo en nuestro camino, la visibilidad casi tan brumosa como un vaso de leche. La Base frenó un poco y me pregunté cuál forma de muerte sería más dolorosa, el carbonizarse en un camión en llamas, asfixiarse aquí en el bosque o ser fusilado por esa gente.

El camión siguió avanzando y me di cuenta de que yo no iba a tomar esa decisión, realmente íbamos a atravesar el fuego. Ahora que estábamos disminuyendo un poco la velocidad, *El Pionero* nos dijo en voz alta que nos pusiéramos toda la ropa de protección sobre la cara. Nos pusimos las gafas y los cascos que nos habíamos quitado durante la carrera y nos subimos la máscara para que la cara quedara completamente cubierta.

—¡Aguanten la respiración y acurrúquense! —fue lo último que escuchamos antes de que el humo nos quitara toda la visión y empezáramos a sentir el calor del fuego como en un baño sauna. Sólo que no sabía cuándo podríamos volver a salir de este.

Toda la información que había leído y oído sobre los peligros de la intoxicación por humo pasó por mi cabeza, incluida la historia del padre de Marti. Pensé en mi propio padre y me imaginé un frío día de invierno en casa. Mi madre nos preparaba a menudo wafles con puré de manzana en esos días y nos encantaba pintar figuras encima. Mi padre hacía la crema chantilly y nuestra madre siempre nos decía que no comiéramos tanta nata.

Entonces mi padre nos daba a mí y a mi hermana Nele una cucharada extra por encima y sonreía a mi madre. Era como un juego. Con los recuerdos me invadió una profunda tristeza, ¿volvería a ver a mi familia?

Al igual que mis compañeros de brigada, enterraba la cara entre los brazos y trataba de respirar lo menos posible. Ya no tenía ni idea de cómo era por fuera y admiraba las habilidades de conducción de *La Base*. De vez en cuando, unas ramas ardientes aterrizaban junto a nosotros en la zona de carga.

Este paseo infernal duró unos 15 minutos hasta que se aclaró de nuevo el paisaje. El humo se disipó y la carretera se desvió de nuevo hacia el este. A cierta distancia pude distinguir una comunidad, era Santa Rosa de Guadalupe. Retomamos nuestro camino a un kilómetro de la comunidad. Esto ahora parecía ser un paraíso, mientras que la anterior comunidad El Paraíso había parecido más bien un infierno. *La Base* condujo unos cuantos kilómetros más lejos del peligro y luego detuvo el camión a un lado de la carretera. A estas alturas, mi cara estaba manchada de lágrimas, la conmoción de la muerte inminente calaba hondo en mis huesos. ¿Nos habíamos salvado o habíamos inhalado demasiado humo mortal? Tendríamos que ir al hospital lo antes posible para que nos examinaran.

Cuando el auto se detuvo, intentamos sentarnos, comprobamos el funcionamiento de nuestras extremidades y to-

mamos con avidez de nuestras botellas de agua. El tanque de
agua seguía impidiendo mi libertad de movimiento. Marti y
La Base me ayudaron a levantar el tanque y juntos lo pusimos
de nuevo en posición vertical, mi pie volvió a aparecer. Lentamente movía los dedos de los pies, me dolía mucho.

Sólo ahora nos dimos cuenta de que *El Vice* se había
quedado acurrucado en la esquina trasera del camión. Nos
acercamos y hablamos con él, pero no tuvimos respuesta. Le
sacudimos y le echamos agua en la cara. No había respuesta
ninguna. Se había desmayado. El pánico se apoderó de
nosotros, volvimos a subir al camión y deseábamos que la
siguiente hora y media hasta Concepción fuera más rápida.
Nadie decía una sola palabra.

CAPÍTULO XXVIII

E stuvo cerca, muy cerca. *El Vice* estaba ya en el hospital de Santa Cruz y volvería a Cochabamba tras su recuperación. Casi había extinguido su propia vida en el fuego. El hospital también nos había ordenado una semana de descanso, que apenas pudimos soportar. Sin distracción, los pensamientos daban vueltas aún más salvajes por la cabeza, como buitres, en busca de sentimientos podridos. Los miedos afloraban más claramente y, sobre todo, la mente se encendía de nuevo. Fue desagradable. ¿No debería volver a Alemania, a la patria protectora? Al país en el que los peligros habían sido cubiertos por las compañías de seguros mucho antes de que pudieran suceder, y en el que a todo el mundo se le convencía de la inseguridad para que así se asegurasen aún más.

Cada vez que cerraba los ojos, veía al jaguar. Me había acompañado en el viaje infernal en el camión, me reconfortaba, lo sentía literalmente como si estuviera dentro de mí. ¿Tendría yo también este don de mi familia, el poder de transformarme en un jaguar? ¿El jaguar ya formaba parte de mí y yo de él? ¿Quién era yo? Después de un año de búsqueda intensiva en las profundidades de la selva, no me había acercado todavía a mis propias profundidades, ¿o sí?

Ya había completado cuatro días de periodo de gracia, se nos permitió ir a nuestras habitaciones privadas y debíamos someternos a un control pulmonar diario en el hospital, pero bajo ninguna circunstancia debíamos volver a la acción de bombero antes de que terminara la semana. Nuestra brigada tuvo que buscar un nuevo *Vice,* y Marti no estaba seguro de que fuera a continuar.

Nos íbamos a encontrar por la noche en la plaza. Por mi parte, ya había decidido lo que quería hacer. Al día siguiente quería volver donde los Arawak y pasar los últimos días de mi estadía allí. Iba a pasar otra semana en la selva con una hamaca y un mosquitero, emboscando al jaguar, y otra semana quedándome con los Arawak en la comunidad. Iba a formar a un grupo de bomberos voluntarios para luchar contra los incendios. Deberían estar preparados para el momento en que los incendios se comiesen sus medios de vida.

Marti llegó a la plaza demasiado temprano para nuestro encuentro, extraño, eso no había ocurrido nunca. Cuando me vio, se acercó directamente a mí y empezó a hablar.
—Mañana a las 7 de la mañana en la escuela. Brigada 11. Soy el nuevo Vice allí y necesitan un *Saltamonte.* Vamos a descansar temprano, a pulir el equipo y a dormir profundo —Se dio media vuelta para irse de nuevo.

—Espera, espera, esto es demasiado rápido para mi gusto. Todavía no podemos entrar en acción. Además, quería decirte que no quiero seguir, mañana vuelvo con los Arawak, tengo que apoyar a mi gente. De todas formas, ¿a dónde va tu Brigada mañana, ya lo sabes?

—Sí, exactamente donde tú quieres ir, a Cañada Larga, empaca bien tus cosas. La misión está prevista para tres días. No volveremos hasta el domingo para el control de pulmones. Me dejó sin palabras. Así que ya había incendios por el territorio de los Arawak, obviamente tendría que estar en esa brigada. Había conseguido convencer a Marti de que se tomara una lata de Sprite en mi casa, revisamos juntos mi equipo y ahora estaba sentado allí, solo, dándome cuenta de que una vez más el universo se encargó de decidir mis próximos pasos. Era demasiado tarde para un taller de lucha contra el fuego, los Arawak tendrían que ir directamente a la práctica. Me preguntaba qué estarían haciendo ahora. ¿Quizás ya habían desarrollado sus propios métodos de lucha contra el fuego?

Pero por lo que me habían contado, esta región aún no se había quemado en años anteriores. Hasta ahora sólo habían tenido pequeños focos de calor o incendios controla- dos, después de todo, su zona había sido una de las más húmedas y una de las más alejadas de la colonización agrícola. Lo había sido. A estas alturas, eso había cambiado drásticamente. Con Archie y el sitio COMCIP, pude confirmar los incendios en la zona de los Arawak. No sólo ardía desde el lado de la comunidad 15 de Agosto, sino también desde el sur, en el límite de la parcela de Joao.

Fue horrible. Esta vez, el paisaje quemado y brillante se sentía como si estuviera directamente en mi piel. O como si mi piel fuera la superficie de la tierra. Podía sentir literalmente que el tejido se dañaba, que los trozos de piel se volvían marrón rojizo y luego negros, que se formaban ampollas como si la tierra intentara rebelarse una vez más antes de perder la conciencia. Sí, la Madre Tierra se hundía literalmente en un estado de coma en el que cesaba su propia función protectora, no pudo soportar más su dolor y se rindió a lo que estaba sucediendo, capituló. Sí, esta región, mi pueblo, los Arawak, eran parte de mí, yo era parte de ellos. Sentía que me fundía en esta tierra, como una extensión de mi cuerpo. Este era yo, esta era una de mis identidades. Comprendía profundamente la esencia de este territorio. La Casa Grande, así era como los indígenas se referían a él. Hablaban de territorio, no de tierra, hablaban de un espacio de tres o cuatro o quizás cinco dimensiones en el que la tierra, de dos dimensiones, por la que se luchaba en el INRA, estaba entrelazada con toda la vida por encima, por debajo y dentro de ella. Todos los espíritus, todos los sentimientos, pero también se encontraba en ella la dimensión temporal, los recuerdos, los antepasados, los muertos, las leyendas y el futuro, el sueño, las visiones.

¿Cómo se pudo vender eso con dinero y cultivar soja y envenenarla con glifosato?

Estaba de pie junto a nuestro camión, acabábamos de llegar al destino, Brigada 11. Sentía todo, la vida en mí y a mi alrededor. Sentía el ardor y el dolor dentro de mí y en mi piel ex- tendida. Ahora tenía que cuidar de no caer en coma también. Marti me sacudió del brazo, debí haberme quedado in- móvil durante mucho tiempo, las lágrimas corrían por mis mejillas como si quisieran apagar mi fuego interior. Tenía la urgente necesidad de retirarme a los brazos de la Madre Tierra y no volver a despertar.

—Oye, ¿estás bien? —preguntó preocupadamente Marti. Me entregó mi mochila de bombero llena y me dirigió hacia el bosque. Troté detrás de él, todavía ausente, o tal vez particularmente presente, no lo sabía, ya no podía distinguir el interior del exterior.

Estábamos a unos 8 km al este de Cañada Larga, reconocía la región. Había pasado por aquí la noche que pude ver el camión de los nuevos migrantes en la selva. Estábamos muy cerca de donde yo estaba, del claro donde vivían mis propios recuerdos, supuse que era tal vez 1 km más allá. No podía pensar con claridad. Mi cuerpo funcionaba por sí solo. Ya no sabía lo que estaba haciendo. Las botas de Marti hacían un sonido de crujido cada vez que pisaba la vegetación calcinada, cada vez me sacudía como si Marti me estuviera pisando a mí. ¿Qué me estaba pasando?

Dormía en mi propia cama, acurrucado como un bebé, inquieto. No tenía ni idea de lo que había hecho ese día. Todavía estaba desmayado en un extraño estado alucinógeno. Habíamos apagado incendios, en algún lugar, de alguna manera. Mi comunidad y mi familia nos habían ofrecido alojamiento. Estábamos todos repartidos en diferentes cabañas. Yo dormía en la mía, me sentía bien. Quería compartir con ellos, Jacinto, William, Bernardo, quería ver y sentir a Mabai. Qué bien me vendría ahora liberar mi tensión en un éxtasis de amor, pero aquí estaba, en mi cama, así debía ser, ya no me controlaba. Archie me había cavado un nuevo agujero para darme la bienvenida. A la mañana siguiente este estado no había terminado, al contrario, era mucho más intenso, me sentía aún más fuera de mí.

Más tarde, me preguntaría durante mucho tiempo si había sido irresponsable adentrarme en el bosque en ese estado.

Otro día de lucha contra el fuego estaba previsto, también para los propios Arawak que salieron enérgicamente con machetes y baldes de agua. Eran muy buenos evaluando los vientos, conocían el crecimiento del bosque que se incendiaría más rápidamente y sabían dónde eran útiles y necesarias las brechas. Se adentraron en el bosque por el camino que llevaba a mi claro y luego giraron a la derecha hacia la comunidad 15 de Agosto, para evitar que el fuego penetrara más en el territorio Arawak desde ese lado. Nuestra brigada, en cambio, se alejó un poco con el camión hasta llegar a una hilera de altas palmeras que indicaban que allí se había practicado la agricultura de tala y quema el año anterior. Sin embargo, el fuego real que debíamos extinguir estaba más adentro en el bosque. Me di cuenta de que estábamos casi en el mismo lugar que el día anterior, esta vez en las profundidades del monte. A nuestra izquierda había enormes árboles selváticos intactos, a nuestra derecha se acercaba un humo apestoso y la vegetación del suelo tenía un extraño color marrón. Aquí debíamos ensanchar una brecha y asegurarnos de que los troncos de los árboles incandescentes no reavivaran el fuego. Más adelante pude distinguir un mar de llamas, ¿cómo podía ser el fuego tan destructivo, tan maligno, tan agresivo? ¿Dónde estaba el *Jichi*, el protector del bosque? ¿Se había rendido ya o era su rabia de él? ¿Qué clase de criaturas extrañas éramos, destruyendo nuestro propio sustento sin ninguna razón?

Como en un trance, nos adentramos cada vez más en el bosque, casi hasta las llamas. Un monito capuchino se movía por encima de nosotros de árbol en árbol, con la desesperación y la incomprensión grabadas en su rostro, casi parecía humano. Afortunadamente, parecía ileso, pero había perdido su manada. ¿Será capaz de sobrevivir por sí sólo?

Nos pusimos a trabajar, mostrando una fuerza operativa como nunca antes.

Mis movimientos eran automáticos, mi cuerpo funcionaba como una máquina, no sentía hambre ni sed. Una vez *Pionero* nos obligó a hacer un breve descanso y a tomar agua, de allí continuamos. Me abrí paso, la tristeza y la rabia surgieron en mí, cada vez golpeé más fuerte las brasas para apagarlas. Mi mochila estaba vacía, pero no quise esperar a nuestro *Chaski*. Seguía corriendo y corriendo y corriendo, tratando desesperadamente de matar el fuego como si fuera mi ad- versario de vida. Las gotas de sudor se me metieron en los ojos y se me nubló la vista. Por mucho que intenté frotarlos, seguían nublados, me dolían y lloraban. Lo único que veía era humo. Sólo ahora me di cuenta de que no me había tapado la boca y la nariz con la protección, la subí con una mano y seguí golpeando y gritando. Con cada golpe grité toda mi ra- bia al humo hasta que tropecé con una raíz. Sólo ahora me di cuenta de que ya no podía ver a mis compañeros de brigada.
¿Cuánto tiempo había pasado? ¿Dónde estaba yo, dónde estaban ellos? ¿Cómo había podido ocurrir esto?

¡Marti, Marti!, grité entre el humo, pero el fuego ardiente, el crepitar de los árboles caídos y el viento ahogaban mi voz. Me levanté de nuevo y corrí. Corrí en la dirección donde creía que estaba mi brigada. Salté sobre el suelo, el humo era cada vez más espeso y hacía más calor. El fuego parecía haberme encajonado. Lo intenté un poco más a la derecha y corrí, pero de nuevo me encontré con las llamas. Tosí y me tapé la nariz y la boca con el traje protector. Presa del pánico, corrí en otra dirección, el humo era ya tan espeso que no podía ver más allá de dos metros, detrás de la espesura vi destellos rojos, como espíritus de fuego, como si quisieran comerme.

Giré en círculos, buscando una salida. Bajé un poco en una hondonada y pude volver a respirar profundamente por un momento, pero seguía mareado. Si no encontraba una salida pronto, mi vida terminaría aquí en los brazos de la Madre Tierra. No, no lo había imaginado así. Mi pánico crecía. Sin embargo, este camino también estaba lleno de humo y no parecía que fuera a ser mejor más allá. Me agaché en el suelo y cerré mis ojos ardientes. Vi a mi madre frente a mí y le hablé.

Mamá, lo siento, no era mi intención. No me cuidé, aunque te prometí que lo haría. Perdón, mamá, por no controlar mi imprudencia, perdón por querer salvar el mundo, salvar la selva, salvar a los Arawak, pero no pude salvarme a mí mismo. No logré proteger nada, no quería creer que el mundo fuera tan cruel. Lo siento, mamá, por querer luchar tanto, lo siento, nunca creí en someterme a las cosas, siempre creí en mí mismo, hasta hoy. Ahora ya no me creo nada, me rindo, lo siento. Te quiero, mamá.

Cuando volví a abrir mis ojos llenos de lágrimas, vi que justo delante de mí estaba mi claro, mi querido claro. Mi instinto me había guiado hasta aquí, aunque ahora no me serviría de mucho, todo ardía a mi alrededor, era cuestión de tiempo que las llamas me consumieran a mí también o que el humo me quitara la vida. Todavía me trajo un pequeño momento de alegría estar aquí, en mi lugar, aquí donde vivían mis recuerdos. Me arrodillé en el suelo y miré el parpadeo de las llamas que se acercaban. Una llama ardía en el suelo, no muy lejos de mí. ¿Había llegado ya al punto en que las llamas me alcanzarían? De repente, la llama se apagó y lo vi. Dos ojos amarillos me miraron, brillaron y luego se apagaron. ¿O había sido mi imaginación? No, allí estaba realmente, a menos de cinco metros, Él. *Ayo.* Me miró fijamente, amorosamente, luego cayó.

Estaba muerto. Simplemente muerto. Estaba muerto. Simplemente inerte. ¿Cómo era posible? El más formidable, el más imponente. *Panthera onka*, su denominación por sí sola era tan poderosa que su nombre científico era el único del reino animal que se había grabado en mi memoria.

Era mi héroe, mi símbolo del mundo perfecto, mi símbolo de la armonía, del ciclo de la naturaleza. Si a él ya no se le permitía vivir, entonces ¿por qué a mí? ¿Qué valía yo contra la superioridad de un jaguar? ¿Qué sentido tenía todo esto? ¿Un teatro? ¿Un mal juego?

Había imaginado tantas veces que se desfilaba ante mí con la cabeza alta. Cómo me miraba. Y yo, inclinando la cabeza ante mi rey, temblando de sumisión y retirándome respetuosamente. Todo se derrumbó dentro de mí, como cuando revienta una burbuja de jabón brillante en la que uno puede reflejarse y soñar. El sueño había terminado. Con toda mi fuerza de voluntad traté de ignorar esta realidad, pero seguía allí.

Observaba los troncos quemados de los árboles, tirados en el suelo, como si se rindieran ante un poder superior y un dictador los controlara. ¿Quién era ese dictador que lo destruía todo sin razón alguna, como si estuviera harto de toda vida y como si anhelara un silencio sin fin?

El silencio era exactamente lo que me asustaba más. Ni siquiera se oía el cantar constante de los grillos. Si tan sólo un mosquito me hubiera zumbado en el oído, podría haber encontrado el camino de vuelta a la vida. Me sentía tan muerto como el negro silencio que me rodeaba. Mi interminable búsqueda perdía su sentido justo en el momento en el que había llegado a mi destino.

No quería ver más tierra negra. No quería oler más. Mi nariz hacía su parte y se negaba a funcionar porque el calor de las brasas había quemado mis fosas nasales. No quería sentir más ese calor que no podía compararse con el alegremente húmedo y tropical que siempre había disfrutado, que hacía que la camiseta se pegara al pecho como si se uniera a la piel, pero al mismo tiempo irradiaba fertilidad. Tampoco quería saborear más ese calor hostil, un calor que quería quemar todos los recuerdos verdes de mí y que sabía a muerte. Seco, polvoriento, salado y amargo. Así era exactamente como me imaginaba el sabor de la muerte. Oír, sí. Era lo único que aún quería. Un sonido, una música vital, no un crujido de los últimos coletazos de una interacción de resina quemada, corteza y savia de árbol.

¿Seguía mirándome? No sabía decirlo. Intentaba recordar el momento. El bosque, el fuego, el humo, y cómo él se quedó allí, echado. Todavía debe haberme visto. Sí, seguro estaba aquí después de todo. Me preguntaba si él había querido decirme algo. ¿Decir adiós? Tenía una mirada pacífica, respetuosa y sabia, como si ya se hubiera asegurado un lugar maravilloso en su mundo después de la muerte. Sin sangre, sin lucha, así de fácil, se apagó su vida. Después de eso, todo se me volvió negro.

EPÍLOGO

El fuego ardía, ocho grandes piedras redondas aseguraban el lugar. Estábamos sentados alrededor en sillas plegables a corta distancia. No sé a quién se le había ocurrido hacer una parrillada aquí para el cumpleaños de mi madre. Miraba las llamas de la fogata, que mala idea sentarme frente al fuego, perdido en mis pensamientos, cerraba los ojos y resurgieron terribles recuerdos. Me levanté, entré a la casa, me serví una cerveza y me senté en un banco junto a la pared de la casa. Era una cálida tarde de otoño. Un poco apartados, mis padres estaban sentados con otras dos parejas, riendo alegremente. Algunos amigos de mi promoción habían venido, se suponía que también era una reunión para mí. Mi bienvenida. Mi hermana estaba sentada en otro banco, había traído a algunos amigos con ella y a mi lado estaba Paul, mi viejo amigo, mi amigo de la guardería. Habíamos vivido muchas cosas juntos, teníamos una historia familiar similar. Él era medio guatemalteco. Su madre procedía de un pequeño pueblo del lago Atitlán y era una mujer indígena maya. Ya en el Kínder buscábamos nuestra identidad entre América Latina y Europa.

Paul se sentó a mi lado, brindó por mí y luego se puso a escucharme simplemente. Era el mejor oyente del mundo. Siempre que estaba conmigo, mis pensamientos se abrían y empezaba a contarle mis historias más profundas. Como hoy.

—Ya no te gusta ver el fuego, ¿verdad? —me preguntó, como leyendo mis pensamientos. ¿Cómo lo hacía?

—Si no me hubieran encontrado ese día, no estaría aquí ahora. Juan es muy especial, tiene un sentimiento especial, sabía que yo estaba allí, al menos eso me dijo. Luego se llevó a William con él porque él es más joven y está más en forma, y juntos me sacaron de alguna manera de ese incendio, no sé cómo. Sólo me desperté de nuevo en mi cabaña.

—Increíble, amigo, es bueno tenerte de vuelta. —Puso su brazo musculoso alrededor de mi hombro y tomamos un sorbo de cerveza.

—Hum —fue todo lo que dije. Todo estaba aún demasiado fresco para contarlo.

—¿Y qué pasó con la cría de jaguar? ¿Realmente estaba acostado a tu lado en la selva? Totalmente increíble.

—Sí, yo tampoco lo entendí. Dicen que estaba acurrucado como un gato cuando Juan y William me encontraron. Por desgracia, la madre jaguar había muerto ante mis ojos, así que los Arawak se llevaron a la cría. Mientras tanto ya se encuentra en Santa Cruz y se está cuidando allí.

—Y después de eso, ¿la cría puede volver al bosque?

—Bueno, en realidad no. No es tan fácil liberarlos en la naturaleza. El contacto estrecho con los humanos no es bueno, trae enfermedades, cambia los hábitos. Un jaguar después ya no puede sobrevivir en la naturaleza. Además, los jaguares ya se han repartido el territorio, uno nuevo no va a encontrar su territorio.

El día antes de mi regreso a Alemania, había hablado largo y tendido con el personal del zoológico de Santa Cruz y me informé. Quería darle una buena vida a este pequeño jaguar antes de partir de Bolivia. Pero era muy caro mantener un jaguar en un hábitat lo más natural posible.

—¿Y qué pasa con él entonces? —preguntó Paul con curiosidad.

—Había una vez un jaguar que llegaba hasta el 7º anillo de la ciudad de Santa Cruz, cada cuatro días. Los residentes se asustaron y quisieron matarlo, la municipalidad trató de atraparlo, pero él no se lo permitió. Mató ganado y estuvo muy cerca de la gente, demasiado cerca. Así no debe vivir el pequeño. Nuestro jaguar vivirá en Arubai, una reserva natural privada a las afueras de la ciudad, donde tendrá un enorme recinto.

—¿En serio?, eso debe ser caro.

—Sí, aunque el sitio ya existe, pero claro, cuesta mucho dinero mantenerlo.

—Sí, creo que sí. Tal vez podamos organizar una recaudación de fondos. ¿O llevar a los turistas allí? —sugirió Paul.

—Tengo una idea mucho mejor —respondí, sonriendo a Paul—. No empiezo mis estudios hasta el semestre de verano. Antes de eso, voy a escribir un libro sobre mis experiencias. Quiero que todo el mundo entienda lo que está pasando en Bolivia. Con eso, podemos buscar apoyo. Cada uno debe entender la situación y pensar por sí mismo lo que puede hacer. Para el jaguar. Y para el bosque. Y para los Arawak en representación de todos los pueblos de la Amazonía.

—Oh, genial. ¿Puedo ser su primer lector? ¿Y ya sabes lo que quieres estudiar?

—Algo relacionado con mi querido programa cartográfico Archie. Vi que hay un curso de geoinformática en colaboración con la universidad NUR en Santa Cruz, eso suena muy bien. Así puedo aprender a rastrear y mapear animales de la selva y al mismo tiempo estar cerca de mi cría de jaguar. Pero vamos a ver, todavía no lo sé.

—Sí, puedes tomarte tu tiempo, recién volviste hace una semana.

—Sí, yo también lo necesito. Escribir el libro será una buena terapia para mí.

—¿Y el pequeño ya tiene nombre? —continuó preguntando Paul.

—Sí, los Arawak ya lo bautizaron. Se llama Ayo.

AGRADECIMIENTOS

Este libro es una recopilación de las experiencias y aventuras de cuatro años de estudios de doctorado y más de 10 años de vivir y trabajar en las tierras bajas de Bolivia. En esa aventura tuve el apoyo de mi tutor de doctorado, Prof. Dr. Wolfgang Schoop, al que quiero agradecer de todo corazón. Además, la historia de Ayo incluye los corazones abiertos del pueblo indígena Mosetén, especialmente en memoria de la familia Morales Miro, que también es mi familia, y en particular de Juan Huasna, cuyo compromiso con las leyendas, la lengua y la cultura de su pueblo, sus artes de medicina natural y sus maravillosas maneras enriquecieron mi vida.

También tuve experiencias maravillosas trabajando para el programa del Servicio Civil para la Paz de la Cooperación Alemana GIZ. Durante más de 10 años, pude formar parte de este programa, que trabaja por el diálogo y la transformación de conflictos, especialmente socioambientales, en las tierras bajas de Bolivia. Los viajes y encuentros en la Chiquitanía, las conversaciones y la propia selva con todas sus formas de vida dejaron una profunda impresión en mí y huellas en mi corazón. Las organizaciones TIERRA (www. ftierra.org), la Fundación para la Conservación del Bosque Chiquitano FCBC (www.fcbc.org.bo) y la Universidad NUR (www.nur.edu) me abrieron sus puertas y corazones. Quiero agradecer especialmente el apoyo de la Universidad NUR en la diagramación y gestión de esta publicación.

Me gustaría destacar a algunas personas especiales cuyas historias tuvieron un impacto particular en el libro. Sixto Ángulo me inspiró mucho con su carácter alegre y creativo, sobre todo, como veterinario de fauna silvestre, me proporcionó las historias más curiosas sobre los jaguares y fue capaz de responder a todas mis preguntas como una enciclopedia andante. Pude vivir más experiencias increíbles en la selva tropical en la propiedad de la familia Coímbra, Arubai

(sí, la propiedad existe de verdad), a la que siempre fui cordialmente invitada. Allí mismo, Javier y Daniel Coimbra y otros amigos y conocidos nos proporcionaron a mí y a mi familia experiencias increíbles y nos hicieron sentir el poder de la naturaleza. También me gustaría dar las gracias a Al- cides Vadillo, cuyo magnífico análisis de la política y de los conflictos de la tierra me aportaron muchas ideas profundas, además de su hermosa personalidad, ¡un gran amigo! Otro gran apoyo recibí de Malkya Tudela quien se intrometió a mi historia y revisó palabra por palabra siempre con su lindísima actitud.

Por parte de la Universidad NUR, agradezco a mi hermana ideológica Mirna Inturias, con quien pude llorar, reír y soñar mientras intentábamos proteger la Chiquitanía de los incendios forestales, especialmente en la región de Lomerío. Para los detalles de los incendios forestales en la Chiquitanía, me gustaría dar las gracias a Kantu, quien se atrevió a enfrentar los incendios forestales como bombero voluntario y luego me reveló sus experiencias. También quiero dar las gracias a su madre Dula, que hizo parte de la revisión de mi libro en versión alemana. Dos personas muy queridas se tomaron el tiempo de revisar el libro completo, quiero agra- decer de esta manera a Maren y Andrea. También me gustaría dar las gracias a mi madre y a mi padre, que se atrevieron a conocer las tierras bajas de Bolivia, aguantaron mis locuras y me animaron a seguir adelante con el proyecto del libro.

Por último, me gustaría agradecer a mis dos hijos interculturales, así como Ayo. Ellos acompañaron muchos de mis viajes locos, aunque a menudo no les gustaba. Al mismo tiempo, siempre me mostraron lo que es realmente importan- te en la vida.